■ **室内设计辅导丛书**

家居陈列布置

INTERIOR DECORATING DISPLAY

徐娜——编著

江苏凤凰美术出版社

图书在版编目（CIP）数据

家居陈列布置 / 徐娜编著. -- 南京：江苏凤凰美
术出版社，2022.6
ISBN 978-7-5580-9932-8

Ⅰ. ①家… Ⅱ. ①徐… Ⅲ. ①住宅—室内装饰设计
Ⅳ. ①TU241

中国版本图书馆CIP数据核字（2022）第093103号

出版统筹　王林军
策划编辑　段建姣
责任编辑　韩　冰
特邀编辑　段建姣
装帧设计　毛欣明
责任校对　刘九零
责任监印　唐　虎

书　　名　家居陈列布置
编　　著　徐娜
出版发行　江苏凤凰美术出版社（南京市湖南路1号　邮编：210009）
总 经 销　天津凤凰空间文化传媒有限公司
总经销网址　http://www.ifengspace.cn
印　　刷　天津久佳雅创印刷有限公司
开　　本　710mm×1000mm　1/16
印　　张　10
版　　次　2022年6月第1版　2022年6月第1次印刷
标准书号　ISBN　978-7-5580-9932-8
定　　价　89.80元

营销部电话　025-68155792　营销部地址　南京市湖南路1号
江苏凤凰美术出版社图书凡印装错误可向承印厂调换

目录

第一部分
家居摆场实战流程

第一节　软装摆场的常规顺序 006

一、现场测量拍照及绘制原始平面图 006

二、与客户沟通，确认软装风格及元素 007

三、完成软装布置图，深化陈设方案 008

四、制作软装物品清单 010

五、软装物品采购 014

六、现场陈设摆场及交付 015

第二节　项目落地赏析 016

第二部分
空间布局与陈列技巧

第一节　玄关陈列 022

一、玄关陈列元素 023

二、布局方式、陈列技巧 024

三、风格玄关陈列特色 039

第二节　客厅陈列 044

一、客厅陈列元素 045

二、布局方式、陈列技巧 046

三、风格客厅陈列特色 060

第三节　餐厅陈列 077

一、餐厅陈列元素 078

二、布局方式、陈列技巧 079

三、风格餐厅陈列特色 087

第四节　卧室陈列 095

一、卧室陈列元素 096

二、布局方式、陈列技巧 097

三、风格卧室陈列特色 111

第五节　书房陈列 123

一、书房陈列元素 123

二、布局方式、陈列技巧 124

三、风格书房陈列特色 132

第六节　卫生间、厨房陈列 143

一、卫生间陈列元素 143

二、卫生间布局 144

三、卫生间收纳技巧 148

四、厨房陈列元素 149

五、厨房布局方式、陈列技巧 150

第一部分

家居摆场
实战流程

▶ 软装摆场的常规顺序

▶ 项目落地赏析

　　装饰的本质是研究生活方式，而陈列是呈现生活方式的手段，前者研究生活，后者研究手法。家居陈列的意义在于，通过装饰方案到最终落地摆放，将室内的家具、灯饰、布艺等元素一一陈列出来，以艺术的形式组建一种美好的生活形态。

第一节
软装摆场的常规顺序

本章内容将以某一具体实操项目为模板，其基本信息如下：

◎ 项目名称：奥斯曼公寓
◎ 项目地点：中国，深圳市
◎ 项目面积：170m²
◎ 设计风格：法式
◎ 设计单位：双宝设计机构

一、现场测量拍照及绘制原始平面图

软装进场测量一般是在硬装完成之后，设计师需要使用测绘工具（如卷尺、电子尺等）将室内空间细节和空间高度尺寸等以手绘和拍照的形式记录下来，要注意标注好插座的位置和高度，以免后期软装设计影响插座使用。之后，再根据手绘记录尺寸结合现场照片绘制原始平面图。

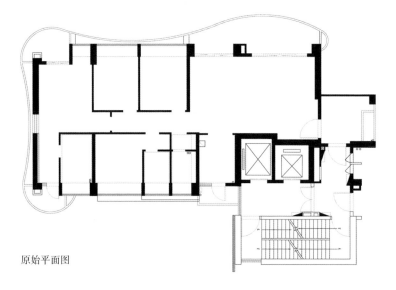

原始平面图

·二、与客户沟通，确认软装风格及元素·

设计师根据现场硬装的风格、空间尺寸、动态流线以及对主人的人生经历、个人喜好、生活习惯等方面进行沟通与了解，在以人为本的基础上，确定最符合客户期待的软装风格及元素符号。

以本项目为例，客户有着法国留学的背景，深造多年的她怀念在国外留学的时光，梦想着打造一处属于自己的"奥斯曼公寓"，将曾经熟悉的生活方式融入归国后的日常。

自然　　　　　　　　　　　　　　　　精致

品味　　　　　　　　　　　　　　　　优雅

三、完成软装布置图，深化陈设方案

设计师将前期准备工作消化后进行整理和深入分析，从而完成包含家具、灯具、窗帘（布艺）、装饰画、花艺、地毯等内容的深化设计方案，需要在方案中明确每一件物品的造型、材质、尺寸、摆放位置以及最终呈现效果，这是软装设计师最核心的工作。同时，需要与物品厂商保持及时沟通，确保现货库存与定制产品生产周期等信息的把控。

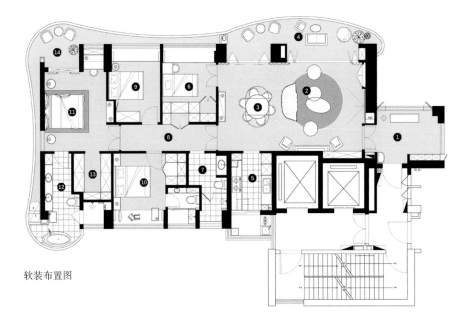

软装布置图

客厅软装方案

餐厅软装方案

卧室软装方案

· 四、制作软装物品清单 ·

设计师根据深化方案制作清单，并填写技术参数，详细阐述物品的材质、工艺细节，同时确认家具色板、五金配件、布艺面料与地毯小样。

设计师一定要详细了解软装所涉及的各种材质，无论是板式家具、实木家具还是油漆、布艺家纺、陶瓷、玻璃等。不但要熟悉每一种材质的优劣，还要了解怎样通过不同材质的组合来搭配空间的风格。例如，本项目要打造经典法式风格，家具应尽量选择上漆款，木料选择榉木或胡桃木，布料选择天鹅绒或丝制品，灯饰的材质则选择水晶和仿古铜。每一种材质都有其独有的气质，一定要通盘思考整个空间。具体的家具清单、灯具清单、地毯清单如下所示。

● 家具清单

产品位置	序号	名称	图片	CAD参考尺寸（mm）	产品尺寸（mm）	材质和色彩	工艺标准	单位	数量
入户区	1	玄关边桌				—	图片仅供参考 以实物为准	件	1
	2	换鞋凳		1200×600	1350×450×420	—	图片仅供参考 以实物为准	件	1
客厅区	3	两人沙发			2300×1030×840	—	图片仅供参考 以实物为准	件	1
	4	组合茶几		1400×800+直径400	直径1200×400	—	图片仅供参考 以实物为准	件	1
	5	单人沙发		直径810	770×850×650	—	图片仅供参考 以实物为准	件	1
	6	组合边几		直径450×450+直径380×600	直径450×450+直径380×600	—	图片仅供参考 以实物为准	件	1

产品位置	序号	名称	图片	CAD参考尺寸（mm）	产品尺寸（mm）	材质和色彩	工艺标准	单位	数量
客厅区	7	壁炉旁休闲椅		560×600	840×640×700	—	图片仅供参考 以实物为准	件	2
	8	壁炉		1500×400	1500×400×1100	—	图片仅供参考 以实物为准	件	1
	9	壁炉上面镜子		1200×1500	1200×1500	—	图片仅供参考 以实物为准	件	1
	10	阳台单人沙发		直径810	直径1200	—	图片仅供参考 以实物为准	件	1
	11	阳台休闲椅					图片仅供参考 以实物为准	件	2
	12	阳台休闲桌					图片仅供参考 以实物为准	件	1
餐厅区	13	餐桌		2200×1290	2200×1290×750		图片仅供参考 以实物为准	件	1
	14	餐椅		500×600	570×520×750		图片仅供参考 以实物为准	件	6
	15	餐边柜		1600×400	1600×400		图片仅供参考 以实物为准	件	1
老人房	16	床		1650×2100	1750×2230×100		图片仅供参考 以实物为准	件	1
	17	床头柜		715×400	550×450×550		图片仅供参考 以实物为准	件	2

产品位置	序号	名称	图片	CAD参考尺寸（mm）	产品尺寸（mm）	材质和色彩	工艺标准	单位	数量
主卧区	18	床		2265×2465	2240×2435×810	—	图片仅供参考 以实物为准	件	1
	19	床头柜		直径500	直径433×485	—	图片仅供参考 以实物为准	件	2
	20	书椅		595×600	570×520×750	—	图片仅供参考 以实物为准	件	1
	21	主卫边柜		600×400×1200	定制亚克力	—	图片仅供参考 以实物为准	件	1
	22	阳台边几		直径500	直径400×460	—	图片仅供参考 以实物为准	件	1
	23	阳台休闲椅		610×620	800×620×700	—	图片仅供参考 以实物为准	件	2

● 灯具清单

产品位置	序号	名称	图片	产品尺寸（mm）	材质和色彩	工艺标准	单位	数量
入户区	1	吊灯		直径350×200	—	图片仅供参考 以实物为准	件	1
	2	落地灯		直径450×1400	定制	图片仅供参考 以实物为准	件	1

产品位置	序号	名称	图片	产品尺寸（mm）	材质和色彩	工艺标准	单位	数量
客厅区	3	吊灯		直径800	—	图片仅供参考 以实物为准	件	1
	4	阳台吸顶灯		直径254×267	—	图片仅供参考 以实物为准	件	5
餐厅区	5	吊灯		直径700×670	—	图片仅供参考 以实物为准	件	1
过道区	6	吸顶灯		直径254×267	—	图片仅供参考 以实物为准	件	2
公卫	7	镜前灯		400×300	—	图片仅供参考 以实物为准	件	1
备用房1	8	吊灯		HAY白色	—	图片仅供参考 以实物为准	件	1
老人房	9	吊灯		直径750&580	—	图片仅供参考 以实物为准	件	1
	10	镜前灯		400×300	—	图片仅供参考 以实物为准	件	1
其他	11	阳台吊灯		直径400×400	—	图片仅供参考 以实物为准	件	1
	12	主卫吸顶灯		直径356×330	—	图片仅供参考 以实物为准	件	3
	13	主卧衣帽间照画灯		400×300	—	图片仅供参考 以实物为准	件	6

● 地毯清单

产品位置	序号	名称	图片	产品尺寸（mm）	材质和色彩	工艺标准	单位	数量
入户	1	地毯		1260×1085		图片仅供参考 以实物为准	块	1
客厅区域	2	地毯		直径3175		图片仅供参考 以实物为准	块	1
主卧	3	地毯		2300×3000		图片仅供参考 以实物为准	块	1

五、软装物品采购

设计师与客户确认物品清单之后，开始进入采购和定制生产阶段。常规物品可以直接采购，定制物品则需要设计师把控尺寸和细节。正确的采购顺序是"家具—灯具—窗帘、地毯—装饰画、花器、花艺—饰品"，因为家具的制作工期较长，布艺、灯具次之。按顺序下单后，利用等待制作的时间去采购饰品、画作等，可以让采购工作有条不紊。

以定制家具为例，具体采购过程如下。

1. 复核尺寸

根据现场空间把家具尺寸核实清楚。在方案阶段，尺寸是根据 CAD 图纸确定的，进入采购阶段，则一定要到现场实际放样，核准最终生产尺寸。

2. 确认家具细节

家具定制有很多细节，例如金箔使用什么颜色、雕花的线条多粗或多深、选择哪种木质、使用封闭漆还是开放漆、抽屉是否需要阻尼、五金配件选择什么款式等，这些细节都需要详细描述。

3. 白胚确定

在家具尺寸与细节确认后，家具厂开始

生产，白胚阶段需要设计师到场进行确认，无误后再进行颜色和造型等处理。

4. 跟单及收货

采购过程需要随时跟单，确认家具的生产进度，收货时一定要求物品包装到位，并再次认真核实细节。

沙发白胚示意

六、现场陈设摆场及交付

现场完成保洁之后，软装物品可以进场，需要设计师来进行陈设摆放。常规的陈设顺序为"家具—窗帘、地毯—装饰品"。将家具先行摆放的原因，是因为家具是所有软装的重点，家具定位之后也可以为地毯、装饰画、饰品的陈设提供位置参考。

软装配置完成后，需要再次保洁，将产品说明书移交给客户，同时针对物品的保养与业主进行交流。

第二节
项目落地赏析

1. 客厅空间

依山傍海，明朗通透，阳光在空间内变幻、迁移，眼前的景致一下子就击中了屋主的内心。

为了获得高挑空感，设计师将空调统统隐藏至房子四周，保留法式优雅气质的同时，又保证了空间透光性。客厅两扇折叠门带来开阔的视野，从清晨到日暮，一天的烦琐与美好，都可以在这里看到。

打开双开门，有从家人那里获赠的手工雕刻物件，也有现代化的艺术品，既赋予了这套房子些许历史感，也展示着屋主的"心头好"。搁板墙、淘来的超写实画集、心爱的黑胶唱片、爱读的书，屋主可以在这里放置各种喜欢的物品，收纳空间充足，氛围感满满。

为了让空间更为宽阔敞亮，形成通畅的行走动线，设计师特意在电视墙下方设置了隐形嵌入式电视柜，可以收纳插座、线缆等杂物。

此外，还保留了经典的法式壁炉元素，壁炉上方放置了一面镜子，不仅在功能上有放大空间的效果，也方便阳光更好地在房间流动，整体更有生活气息。

2. 餐厅空间

餐边柜上放置着黑胶唱片，轻快的音乐声在空间回荡，足以容纳 10 人的餐桌采用花白的大理石材质，搭配独特的纹理，其圆弧形的造型也让空间更显开阔。

奶白色的餐边柜带着一丝复古的韵味，上边可以放置一些好看的摆件或杯架。虽然与客厅只是相隔一段过道的距离，但餐厅却呈现出难以言说的曼妙氛围，古铜色的挂画填充着墙面，在法式浪漫线条与温润的凡尔赛拼花地板映衬下，保持着它独有的魅力。

现代法式需要简约的材质来调和，比如奶咖色的直线帘，还有森林色系的装饰画以及窗外的自然风景，让餐厅裹挟着一份克制，却又保持了松弛有度的状态。

3. 卧室空间

客厅、餐厅的区域张力十足，卧室却呈现出一种舞台背后的沉静与安稳，飘逸的窗帘从吊顶边缘垂直落下，朦胧的阳光透过轻柔纱帘，在视觉上把层高拔高，体现出一种知性的美感。

坐拥一个落地滑窗，大块的玻璃就像是一幅天然的油画，室外景致得以尽情框入。滑窗旁百叶窗下加放的书桌，既能满足女主平时写作的需求，也能用于梳妆。

卧床对面的墙体根据建筑结构进行改造，加了两块搁板，放上主人喜爱的饰品和书籍，既增添了房间的设计感，也扩充了实用区域。墙面的投影幕布方便观看各种电影，舒适感与便捷度倍增。

主卧床脚隐藏在床下，让床看起来就像是悬浮在空中，充斥着满满的设计感。墙上的艺术挂画亦是卧室色彩的调和剂，颜色的碰撞使主卧更显鲜活明亮。它们不仅仅只是装饰，也代表着公寓主人的品位和风格。

主卫白瓷色的墙面与金色镜框相得益彰，一个长至2.5m的双台盆空间足以容纳两人同时洗漱使用。浴室柜旁增加了收纳柜，可以放置不常使用的杂物，台盆上也放满了各式各样的洗浴用品，骨瓷花瓶里面插上鲜花，充分展现出主人对生活品质的追求与精致。台盆下面的柜子方便存储物品，增加了卫生间的储物功能。另外，干湿分离的设计也减少了细菌的滋生，减少清洁压力，让卫生间的使用效率更高，不会影响其他家庭成员的使用。

4. 阳台空间

　　夕阳下的阳台带着一丝微醺的气息，摆放着一对藤编户外椅，几缕阳光洒在圆桌上，徐徐微风，万家灯火，在这儿一起谈天说地，或许此时此刻，主人能感受到那种身处巴黎的惬意。

第二部分

空间布局
与陈列技巧

▶ 玄关陈列

▶ 客厅陈列

▶ 餐厅陈列

▶ 卧室陈列

▶ 书房陈列

▶ 卫生间、厨房陈列

软装陈设有两种形态：一种是肉眼可见可以触摸到的实际物件，如装饰物、灯饰等，亦是所谓的实形态，对空间起到美化和装饰作用；另一种则是通过实际物件引发大脑思考的形态，是一种氛围和情感，也即是相对而言的虚形态。在一个空间内，既有装饰，又有氛围，则起到一种虚实相生、情景交融的效果，二者是相辅相成、相互依托的关系。

第一节
玄关陈列

玄关是家门后的第一道风景，是给来访者的第一印象。它是一个家庭的主入口，也是迎接客人的第一场地。玄关的面积一般都不大，但却承载了室内与室外的过渡与缓冲、衔接与分割、区分与统一，是非常具有功能性和仪式感的空间。

玄关的造型、陈设的艺术、收纳的设计等都非常考究设计者的匠心。玄关设计的中心理念主要是阻挡视线、简单会客、注重收纳以及玄关展示，装饰性与实用性兼顾。

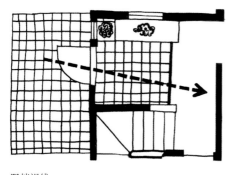

阻挡视线

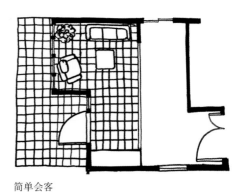

简单会客

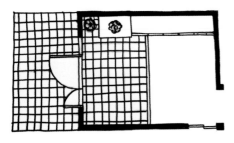

注重收纳

玄关展示

一、玄关陈列元素

玄关最为常见的装饰物件主要有玄关桌、玄关柜、墙饰、伞桶、换鞋凳、花艺等。

针对不同的玄关造型，应该选择不同的搭配方式。

玄关桌

伞架

定制收纳柜

换鞋凳

装饰镜

衣架

玄关柜

花艺

装饰画

·二、布局方式、陈列技巧·

1. 门厅式

有些户型本身就预留了足够大的门厅空间，可以专门打造一个相对完整度较高的玄关，通过玄关将行走的动线自然分割出来，这种布局在别墅或者大平层中较为常见。

门厅式玄关需要注意的是，如何最大限度地利用立墙的优势，尽可能地发挥其储物功能，同时也不能忽视门与墙之间的距离，避免因过度强调储物而导致进门后产生拥堵感。

门厅式玄关桌（柜）主要有以下 4 种常见陈设摆法。

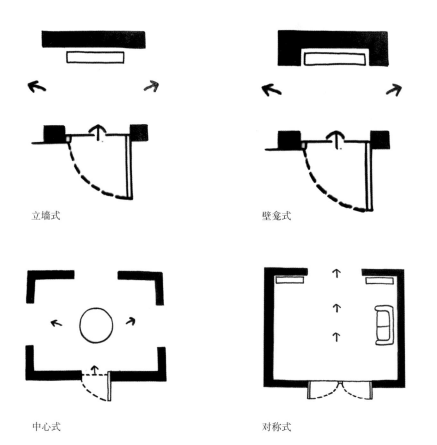

立墙式

壁龛式

中心式

对称式

组合 01 立墙式
（玄关桌 + 装饰画 + 摆件 + 换鞋凳）

陈列动线

陈列技巧

① 桌面呈现两个三角形重叠的动线，且下位区摆件保持左低右高，而上位区则保持着左高右低。

② 在桌面基线最两侧，高位摆件旁需要辅助摆放体量更小、更低的装饰物，这样能够避免桌面空洞，产生头重脚轻的感觉。

③ 装饰画不一定要居中悬挂，选择在左侧低摆件上方位置，既可保证画面的完整度，又丰富了层次感，营造出一种和谐的律动，同时为右侧台灯保留了空间。

④ 玄关桌下方空间也可以利用起来，放置方便移动的换鞋凳，装饰与实用兼顾。

组合
02

立墙式
（玄关桌 + 装饰镜 + 摆件 + 落地摆件）

陈列动线

陈列技巧

① 桌面形态为左斜角三角形，左低右高。

② 摆件排列是不对称的，保持中间部位最高，两侧放置不同高度的元素。在中心元素的两边，高低错落的摆件营造出饱满造型，即使没有直接放置在中心，也仍旧是很重要的物品。

③ 落地摆件丰富了下方空间。

组合
03

立墙式
（玄关柜 + 装饰镜 + 摆件）

陈列动线

陈列技巧

① 桌面形态呈现右斜角三角形，左高右低。

② 玄关柜相对于玄关桌而言多了一些收纳功能，更适合中国大部分家庭对于玄关收纳的需求。

③ 玄关柜的造型较为方正，搭配圆形的装饰镜可以防止玄关气氛过于严谨。

④ 花艺和绿植是玄关的常客，但要注意高低错落和疏密的关系。

组合 04

立墙式
（玄关桌 + 墙饰 + 摆件）

陈列动线

陈列技巧

① 桌面形态呈现正三角形，最高点居中，这样的结构最为常见和稳固，不易出错。

② 中心的钟表勾勒出焦点，它的两侧，摆件选择在造型、尺寸上保持统一，整体形成一条水平线，但又有高低错落感。

组合 05

立墙式
（玄关柜 + 装饰画 + 摆件 + 座椅）

陈列动线

陈列技巧

① 玄关的墙面如果够长，可以依靠其放置玄关柜，两侧各摆放一把造型单椅。

② 墙面以装饰画为中心轴线，台灯、花艺及单椅都成组对称呈现，打造较为正式的门厅。

③ 装饰画可以不挂墙，直接斜立在桌面上亦可。其组合形式也可以多样化，单幅、双幅、组合呈现都行。

组合 06

对称式
（玄关桌 + 墙饰 + 休闲沙发）

陈列动线

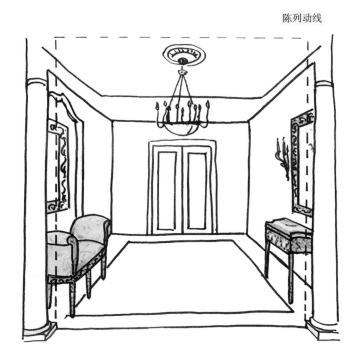

陈列技巧

① 在大平层或者别墅内，只需要一款沙发、两把椅子或是一张桌子，就能创造出一处短暂的交流场所，扩展生活空间。

② 两侧的摆件对称摆放，但造型有所区别。左侧以沙发椅搭配装饰画，右侧以玄关桌搭配壁灯和玄关镜，在整体高度保持一致的前提下，呈现层次的变化。

组合 07

中心式
（圆形玄关桌 + 桌布 + 摆件）

俯视视角

陈列技巧

① 圆形玄关桌放置在门厅中心点，自然地将行走动线分割，弧形的边角也不易造成磕碰。

② 桌上的摆件最好具有 360°无死角的展示功能，如果只满足正面或者侧面，其背后的展示效果就会大打折扣。

③ 花艺是重要的主角，围绕此中心，在周围点缀饰品。

④ 桌布是很好的装饰配件，能够将桌腿遮盖，同时布艺本身的造型和图案能够更好地烘托气氛。

2. 隔断式

有些户型入门的位置居中，开门即客厅，也有些具有足够空间的户型，可以通过隔断式玄关将通往客厅的动线分为向左或向右。这种格局需要注意减少门与墙之间的拥堵感，利用贴墙的优势，可以做一面齐顶的玄关柜，最大限度增加储物空间，视觉上玄关整体也会显得干净整洁。

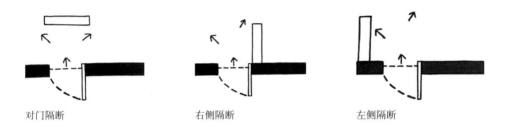

对门隔断   右侧隔断   左侧隔断

组合
01

屏风隔断 + 玄关柜 + 摆件

陈列技巧

① 利用屏风作为背景，在前方放置玄关柜和装饰摆件，来创造一个玄关。这种设置需要较大的空间区域。

② 屏风材质可以与硬装元素相呼应，木质、玻璃、藤编、布艺、纸艺等均可。

③ 不管选择何种形式的隔断，都要保证与室内环境协调统一，造型一般也较为轻薄和灵动。

组合 02

下方玄关柜 + 上方毛玻璃或格栅

陈列技巧

① 功能性的隔断组合适合空间较为狭小的情况，也是小户型扩容的良方之一。

② 这种组合兼顾收纳，能起到隔断效果，同时提供了摆放装饰物品的位置。

组合 03

整体展示搁架 + 落地绿植

陈列技巧

① 如不是过于强调隐私，可选择将搁架的顶部、底部或者一侧固定，既不阻碍空气流通，又可起到一定的遮挡作用。

② 搁架上的陈列元素不宜过多，摆放的物件宜疏密相间、张弛有度，主要在于营造意境。

3. 走廊通道式

走廊型玄关是现代家庭里最为常见的，门与室内直接相通，中间经过一段距离，有纵深的空间感。将左右两侧的墙面利用起来，走廊通道式的玄关一样可以拥有强大的气场。

可利用一侧或两侧空间，设计嵌入式玄关收纳柜，注重收纳储物能力，或者两边对称放置玄关桌，相互呼应，能有效平衡左右的视觉重量。

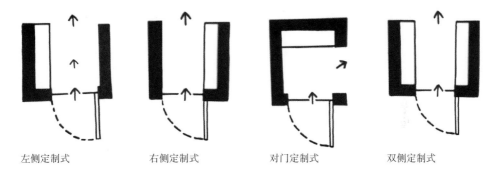

左侧定制式　　　　　　右侧定制式　　　　　　对门定制式　　　　　　双侧定制式

 组合 01

单侧定制整体玄关柜
（穿衣镜 + 换鞋柜 + 挂衣钩）

陈列技巧

① 利用一侧墙体打造整体玄关柜，可以将空间利用到极致，鞋柜、收纳柜、穿衣镜、换鞋凳、衣帽架等功能都可以满足。如果玄关的长度不够，可以适当进行缩减。

② 提前在玄关处留好插座，方便使用。

③ 柜体下方留空，方便放置鞋子，同时视觉上也不会过于杂乱。

组合
02 单侧定制吊柜 + 鞋柜 + 装饰摆件

陈列技巧

① 使用吊柜和鞋柜相结合的形式，中间位置悬空留有余地。

② 不同款式的鞋子高度不同，鞋柜内部的隔板最好是根据使用情况来定制层板高度。隔板最好是活动的，方便拆卸和安装，使用的时候也更为灵活。

组合
03

双侧玄关柜 + 衣柜 + 挂衣杆 + 装饰摆件

陈列技巧

① 小户型的玄关柜，其柜体深度不宜太宽，旁边至少要保留 1.5m 的通道宽度，否则空间会显得比较拥挤。

② 常规的边柜深度大概为 0.3~0.35m，高度为 1~1.2m，长度需要根据门厅玄关的面积来确定，常见的一般为 0.8~0.9m。

③ 玄关中悬挂的临时衣架，高度一般在 1.8m 左右，太高会给人造成压抑的感觉。

4. 无玄关式

有很多小户型，因为面积或其他因素的限制，没有办法预留玄关空间，进门即客厅，且没有打造隔断阻挡一下视线的条件，门厅区域的界限非常模糊。即便如此，我们仍旧可以拥有一个迷你的玄关。只需要在入门的一侧墙体前放置玄关桌、换鞋凳、装饰画和几件装饰品进行简单搭配，就可以轻松打造玄关的氛围。

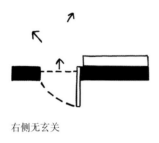

右侧无玄关

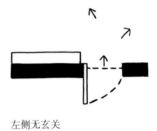

左侧无玄关

组合 01

窄条几 + 装饰摆件

陈列技巧

① 把控好条几尺寸，条案或者换鞋凳侧面的宽度不宜超过 35cm，否则会让小小的门厅变得更加拥挤。

② 摆件尽量简单，一两件装饰即可。

③ 条几上留出可以放置钥匙等小件物品的空间。

组合 02 层板 + 换鞋凳 + 挂衣钩 + 地毯 + 穿衣镜

 陈列技巧

① 层板于无玄关小户型非常实用，不占用空间，和收纳盒搭配使用，具有强大的收纳功能。

② 层板、墙背板和换鞋凳可以定制成一体柜，换鞋凳自带柜体的造型，穿脱鞋子方便的同时又能作为小鞋柜。注意换鞋凳和层板之间的尺寸，要保证人员站立时不会磕碰到头部。

③ 地毯的大小可以参考门厅的面积来选择，图案则根据风格来判断。

④ 穿衣镜可靠墙陈列，旁侧放置落地花器。

组合 03 换鞋凳 + 装饰摆件

陈列技巧

① 无玄关户型可以在入口处靠墙放置换鞋凳，下方放置置物篮。

② 换鞋凳除了使用之外，还多了一个展示功能，可以随意放置腰枕、靠枕或者装饰花器，打造小而温馨的玄关氛围。

组合 04 吊柜 + 穿衣镜 + 挂衣钩

陈列技巧

① 如果门厅面积连放置换鞋凳的条件都不具备，那么可以在墙面想办法。尺寸迷你的小吊柜搭配穿衣镜，一个小巧的玄关就可以轻松地打造出来。

② 墙面安装挂衣钩，不占用地面空间，不影响行走动线。

三、风格玄关陈列特色

1. 新中式玄关

新中式风格的玄关陈设物品大致有中式条案、中式插花、山水画等元素。和传统中式不太一样的地方，在于新中式玄关的设计上摒弃了繁复的雕花和过度的装饰，以经过中式符号元素提炼之后的简约条案为主，再搭配水墨风格的挂画、器物、具有禅意的花器等，整体打造简洁、富有意境的空间氛围。

2. 日式禅意玄关

日式玄关非常注重留白，很少有全部到顶的正面立柜设计。悬空的收纳柜从外观上能让人感觉轻盈，既为玄关提供了物品展示平台，也方便了进出时钥匙、包包等小件物品的摆放。

最为传统的日本玄关大多设有一小段台阶，高低落差约5cm，称之为落尘区，方便清扫，同时也避免了将鞋子上的尘土带入屋中。不过使用这种高低落差玄关的日本家庭也在逐年减少，取而代之的是做成缓坡形式，或是直接在玄关处选择装饰与客厅不同的、更耐脏的瓷砖。

3. 现代简约玄关

　　现代简约风格的玄关多使用几何图案、线条、玻璃和金属材质，同时强调视觉和功能的完美结合，用最简单和纯粹的设计手法，延展出生活美学的无限可能。

4. 摩登玄关

　　摩登风格的玄关在家具和陈设的选择上更为大胆、风尚和走在时代的前沿。高饱和度的色彩，不同材质的碰撞，反对一切既有的规则……摩登的格调让门厅玄关变得活力四射，充满了未知和新奇。

5. 法式玄关

　　法式风格的玄关一般面积都较大，可以给轴线对称式的陈列摆放提供必要条件，从而营造气势感和高贵典雅的格调。在玄关柜的细节处理上，始终保留着手工雕刻的考究工艺，崇尚浪漫之美。

6. 美式玄关

　　米色和褐色是美式比较经典的配色，墙面不会留白，而是会有很多的装饰挂件、各种纹理的壁纸或者装饰线条。美式老虎椅是最常见的家具，摆放在玄关处也毫不违和。装饰品以古董、黄铜把手、水晶灯为重点，墙上用色较为丰富，一般配有质感浓稠的油画作品或是有雕刻的装饰镜。

7. 轻奢玄关

　　轻奢风格的玄关在玄关柜和装饰摆件的选择上多使用自带高级感的材质，通过材质上的奢华，透露出一丝对于精致、考究生活的追求。大理石、黄铜元素、丝绒、金属、镜面、皮质乃至木饰面等，都可以经过巧妙的混搭与组合，让玄关空间的奢华感上升到一个新的高度。

延展知识点：玄关的妙用

（1）楼梯玄关

在楼梯间的旁边布置一个玄关，既可以作为楼梯和门厅之间串联的端景，又能起到缓冲空间的作用，不失为给空间加分的好办法。

（2）走廊尽头玄关

玄关柜是不规则空间的救星，在走廊的尽头或者客厅一角，放置储物柜或书桌会略显拥挤，单纯放置绿植又觉单调，而玄关桌的摆放则可以丰富此处空间，款式的选择多以弧形为主，在行走动线上不会造成磕碰。细节独到，又调节视觉平衡，让空间进深感加强。

（3）玄关镜

通常在住宅的玄关位置会放置玄关镜，可以作为进出家门整理仪表的利器，同时也起到装饰和在视觉上增加空间层次的效果。但是需要特别注意，玄关镜不宜正对大门，如果要放置，建议放在侧面的墙体。

（4）绿色植物

植物是有助于气场的，在玄关处摆放一些鲜活的植物可以起到调节气场的作用。植物的选择颇有说辞，比如带刺、带角的植物（如仙人掌、芦荟、玫瑰等）不适合放在玄关，常绿的阔叶植物（如绿萝、黄金葛、铁树、发财树等）则较为适宜。

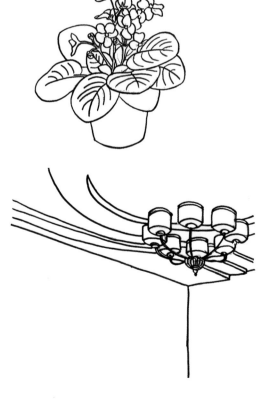

（5）玄关横梁

如果玄关处有横梁，可以通过吊顶或者壁纸包裹等形式，使其和墙面融为一体，将玄关空间的硬伤遮盖，这样视觉效果上会更加和谐统一。

第二节
客厅陈列

客厅的设计和陈设能够全面反映主人的审美、性格和素养。一直以来，客厅在整个家居生活中作为枢纽的核心地位没有变化，因为它总是面积最大、采光最好的空间，但其存在的意义已不再局限于待人接物和看电视了，而是可以根据每个家庭的实际情况灵活运用，比如阅读、运动、家庭办公、学习等。好的客厅布局，一定是从家庭本身的状态出发，在有限的空间和条件下，充分考虑家人的需求、习惯、爱好、作息以及成员的变化，然后进行个性化的布置，客厅功能呈现越来越多元化的状态。

传统观看电视功能

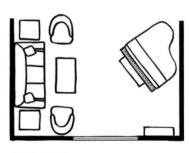

休闲娱乐功能

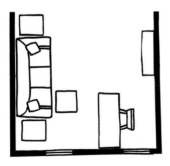

学习、办公功能

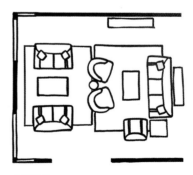

会谈功能

一、客厅陈列元素

客厅常规装饰物品主要有三人沙发、转角沙发、组合沙发、单人沙发、单椅、角几、茶几、落地灯、台灯、装饰画、壁炉等。

沙发

茶几

电视柜

单椅

花艺

灯具

抱枕

装饰画

窗帘

地毯

· 二、布局方式、陈列技巧 ·

1. 竖厅式

竖厅是客厅中最常见的，判断竖厅的标准主要是客厅"开间"和"进深"的距离对比。开间是指客厅主要采光面的距离，进深则是与开间垂直面的距离。开间距离小于进深距离则为竖厅，此布局客厅与餐厅一般相对独立，中间间隔走廊。竖厅的优势在于设计布局简单，客厅与餐厅独立，动静分区明显，互不打扰。竖厅多以电视柜和主沙发靠墙、中间摆放茶几的形式居多。

常规竖厅具有以下 5 种陈设摆法。

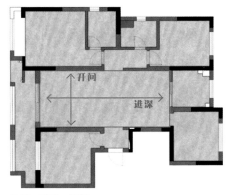

竖厅 = 开间 < 进深

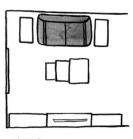

一字型式

L 型式

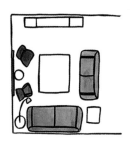

U 字型式

三角式

对称式

组合 01 一字型陈设

（三人沙发 + 茶几 + 电视柜 + 装饰画 + 地毯 + 灯具）

陈列技巧

① 沙发平行摆放，适用于各种面积的客厅，这种布局方式，可以根据客厅面积的大小选择不同的沙发尺寸，观看电视较为方便。

② 电视柜可以选择独立式、挂墙式或者整墙定制，增加收纳功能。

③ 空白墙面悬挂成组装饰画，能让空间更加饱满。落地灯和台灯的组合，可以作为客厅的辅助照明，在不需要主灯的时候起到氛围灯的效果。

组合 02

L 型陈设
（转角沙发 + 茶几 + 坐凳 + 单人沙发 + 地毯）

陈列技巧

① 考虑动线需要，主沙发的两侧可以选择不同的坐具，内侧临窗位置人员走动少，可以选择造型更为突出的单人沙发或是两把轻巧的椅子，外侧临动线位置放置坐榻，灵活小巧，便于移动。

② 在常规电视柜临窗一侧增加吊柜，也是增加收纳和展示的好办法。

组合 03

对称式陈设
（三人沙发 + 双人沙发 + 茶几）

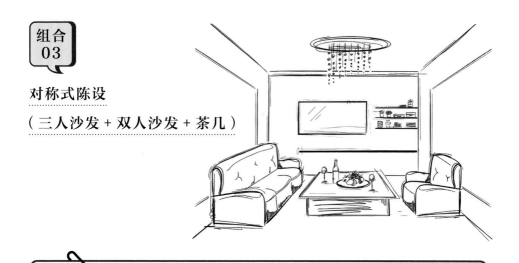

陈列技巧

① 隔板是很实用的装饰元素，造型简单易安装，可以摆放装饰物、书籍等。

② 吊灯的位置在天花的中间，茶几的位置与吊灯保持垂直，这种陈列方式更为规整大方。

小贴士　客厅的电视尺寸选择

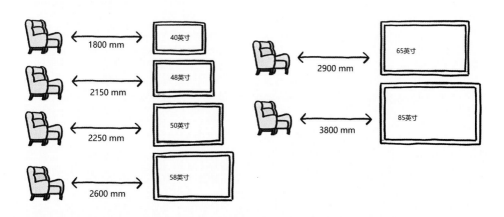

组合
04

U 字型陈设
（三人沙发 + 坐凳 + 贵妃榻）

陈列技巧

① 坐凳由于自身体量轻巧，适合点缀在客厅，可以根据实际需要进行移动。

② 贵妃榻的靠背一般较矮或是没有，在视觉上比较通透，不会造成压抑感，功能上也可坐可躺，与主沙发形成对比，增加舒适感。

组合
05

三角式陈设

（三人沙发＋圆茶几＋单人沙发）

陈列技巧

① 三角式构成是陈列的基本模式之一，也是最适合交流的布置方式。以三人沙发为中心，
单人沙发分别置于对面两侧，形成恰当的交流空间，并保有三条行动路线。

② 茶几适合选择圆形或椭圆形。单人沙发因为体量相对较轻，可以根据谈话方式或观影
等需求实时调整方位。

2. 横厅式

客厅的开间距离大于进深距离就是横厅，相比于竖厅，横厅的采光更为充沛，可以拥有更多的采光。横厅的客餐厅一般是相邻的，减少了走廊的空间，一定程度上增加了空间利用率。

横厅一般通透感更强，室内感受更为开阔大气，居住的舒适性也会更好，但是沙发或电视会有一面不靠墙，这使得横厅的布局需要更为专业的眼光。当然，这同时也意味着，横厅的功能性除了竖厅常见的布局法则之外，又有了更多的可能和布局思路。

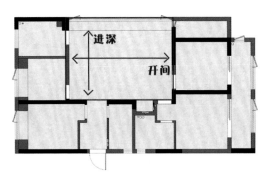

横厅 = 开间 > 进深

竖厅布局同样也适用于横厅，除此之外横厅还有以下布局。

无隔断客餐一体式

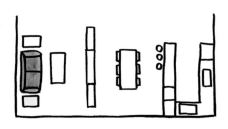

矮隔断客餐分割式

组合 01 双人沙发 + 单人沙发 + 茶几 + 电视柜

陈列技巧

① 横厅的主沙发不靠墙，一般是作为区分客餐厅的软隔断存在。

② 横厅的客餐厅在同一个空间内，需要更加注意材质、造型上的搭配和统一，如窗帘和灯具。

③ 弊端是横梁会影响美观和居住感，可以利用局部的吊顶化解。

组合 02 矮隔断 + 三人沙发 + 茶几

陈列技巧

① 围合式的客厅布局在横厅中使用较多,以矮隔断为中心,沙发对称摆放,可以营造一家人围坐谈笑的轻松氛围。

② 沙发之间均留有出口,保证行走动线不被遮挡。

组合 03 转角沙发 + 组合茶几 + 边柜 + 地毯

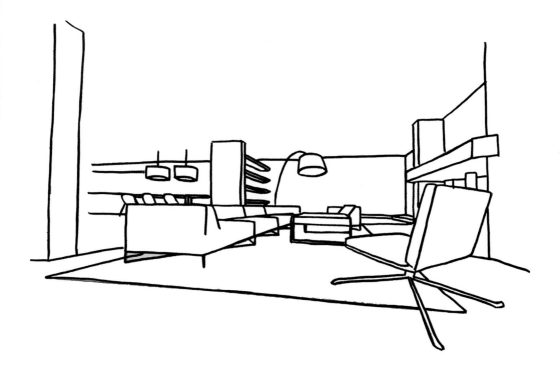

陈列技巧

① 茶几是可以成组摆放的，同款造型不同高度的尺寸组合，在体量和厚重感上与沙发形成呼应。

② 视觉的焦点除了电视，也有多种可能，比如电子火炉墙、书架等。

组合 04 双人沙发 + 茶几 + 单人沙发 + 地毯

陈列技巧

① 如果条件允许，横厅中沙发的背后也可以摆放背几作为隔断。

② 注重谈话氛围的客厅布局，地毯将家具组合成一个模块。地毯的形式不一，可以是正方形、长方形，也可以是圆形或不规则形。

组合 05 三人沙发 + 组合茶几 + 边柜 + 地毯

陈列技巧

① 横厅的主沙发如果想要靠墙，可以通过新增矮墙隔断来实现。

② 如果不使用矮墙，开放式吧台也可以作为隔断。

3. 非常规形式客厅

随着时代的进步，居住者对客厅的需求也在与时俱进。考虑到居住者生活的变化，比如从两口之家到三口之家，再到老人同住等，顺应本心，对客厅的功能进行个性化的改造也就是一件水到渠成的事情。

（1）以兴趣爱好为核心

此类布局适合独居或者两人世界，客厅能够满足试听影音以及简单的运动健身要求。

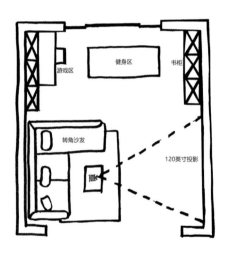

（2）以家庭 SOHO 为核心

单独拥有一间书房是常规家庭比较奢侈的事情，对于在家办公是工作常态的 SOHO 人士而言，能够在相对宽敞的客厅工作是很舒服的。工作区与休息区兼顾，同时也保留了简单会客的场所。

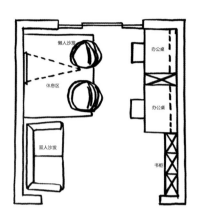

（3）以幼儿、儿童游戏、学习阅读为核心

孩子是家庭的希望，客厅也势必要为孩子的成长做出布局上的变革。对于注重亲子关系和教育的家庭来说，这种完全放弃电视机和沙发的模式最为合适。地毯给予婴儿足够的爬行空间，大书桌能够实现全家人的共同学习与手作。整排的书柜墙将书籍收纳规整，旁边留有使用电脑的空间，即便是家中同时有不同年龄阶段的孩子，都能满足亲子互动的需求。

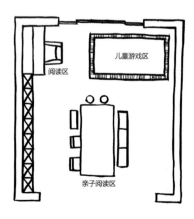

※ 装饰组合要添加维度，可以错位摆放。

※ 装饰物体的直径需要小于茶几、角几直径的一半。

※ 在保证层次的同时，高度也应有所不同，焦点不一定非要居中，可以陈设在桌面一角，同时旁边分层次和维度摆放辅助物品，这样桌面陈设会饱满很多。

三、风格客厅陈列特色

1. 新中式客厅

新中式客厅优雅而有气质，将古典元素和现代元素结合起来，营造出一种唯美、清新的意境感。常用陈列元素主要有屏风、水墨画、官帽椅、盆栽等，家具形态上更加简洁，在触感与人性化的设计上增加了软包及曲线。空间内恰到好处的留白，就像国画艺术般构造出写意东方的韵味。

2. 日式禅意客厅

日式风格的客厅非常注重禅意的格调，家具以自然材质居多，独特的纹理质感赋予空间返璞归真的深远含义，创造出一种更为简约质朴的氛围。家具一般比较低矮，讲究秩序和规整，营造简而至上的格调。插花也是日式常见的装饰。

3. 现代简约客厅

现代简约客厅空间开敞，家具线条流畅，大量使用现代材质。装饰物品的陈设也均以简洁的造型、纯洁的质地、精细的工艺为特色，化繁从简，尽可能不用装饰或取消多余的东西。

4. 摩登客厅

　　五彩斑斓的客厅颜色在摩登风格里十分流行，抢眼的颜色最好用在最需要突出的家具上。金色是百搭色，充分利用好颜色，对于打造空间个性十分关键，可以起到烘托气氛的作用。

5. 法式客厅

法式客厅非常讲究家具设计和摆放时的整体对称性，从美学视角来看，对称性能够给身处其中的人带来一种视觉享受。此外，家具讲究细节处理，比如桌腿、沙发扶手的雕刻工艺等。下图中，金色代表贵气，长长的水晶吊灯也气势磅礴，二者相互呼应的同时，也带来一种整体的高贵奢华感。

6. 美式客厅

美式客厅常用护墙板，整体空间质感瞬间提高，搭配体量较大的古典家具，大气浑厚。空间运用了较为细腻的美式线条，打造出一个富有节奏感的装饰墙面及吊顶造型，特色十足。

7. 轻奢客厅

　　轻奢代表了一种精致的生活方式。将传统意义的奢华化整为零，通过家具、纺织品、皮毛等物品以及金属、玻璃、钨钢等闪亮元素来打造高品质的时尚感，但要注意拿捏有度。

延展知识点1：如何搭配抱枕

抱枕是点缀空间、提升家居品质的最佳用品之一。但是，购买装饰性抱枕的过程，比如确定一个颜色方案、选择尺寸大小、找到合适的搭配等可能会令新手有些不知所措。

（1）选择配色方案

不是所有的抱枕都相配，为了搭配起来更协调，首先需要评估房间内现有的颜色，也就是窗帘、家具织物和地毯的色彩，然后再确定想在空间中使用哪种颜色。

如果室内的重点颜色在房间的其他元素中已经得到很好的体现，或者希望实现一个更柔和、更微妙的空间，可以为抱枕选择一个完全中性的颜色方案，因为中性色是最百搭的。若想引入一种突出的颜色，那么同时也要加入一种中性色，以免色彩过度饱和。一旦选择了强调色，并确定了最适合空间的中性色，就会产生一个连贯的调色板，确保与房间里现有的家具和织物相配。

图案的选择需和现有家具面料有所区分，比如花纹图案的沙发上除了零星摆放两个同款抱枕之外，还需要摆放条纹、纯色或其他图案抱枕，避免雷同和杂乱，丰富层次感。

（2）确定抱枕的大小和数量

很多人会纠结于如何搭配抱枕，到底在沙发上要配多少抱枕。一般来说，抱枕越多就意味着更舒适，但也不希望占用了座位的空间，设计师往往会根据家具的尺寸来调整大小和数量。

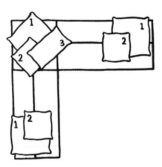

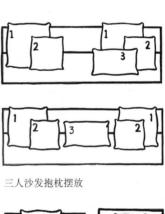

转角沙发抱枕摆放

三人沙发抱枕摆放

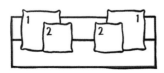

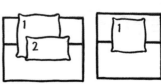

双人沙发抱枕摆放

单人沙发抱枕摆放

延展知识点 2：墙面装饰画悬挂

挂画的画框和内容需要与室内的风格呼应，色彩可以与抱枕、窗帘来呼应，而尺寸选择需要明确不同空间的参照物，比如玄关挂画参照玄关柜尺寸、客厅挂画参照沙发或电视柜尺寸、卧室挂画参照床背的尺寸等。

①挂画的高度取决于正常身高的视平线，或稍微仰头的高度，此法则适用于常规室内，挑高空间则需要根据现场情况而定。

②梯形线的墙面挂画结构让画面有稳定感，不会头重脚轻。装饰画的总宽度不超过参考家具的总宽。

③装饰画的轴心线对应整体室内空间的轴心，沙发、茶几、吊灯以及电视墙的中心线都可以在轴心线上，与之呼应。

④需要特别注意，挂画中 B 的高度要高于 A 的高度。

如果是复式的住宅或者 LOFT 公寓，就会有楼梯间存在。在楼梯间墙面挂画是比较常见的装饰手法，装饰画通常成组出现。需要特别注意，装饰画的下方水平线要与每一层楼梯踏步之间高度保持一致。

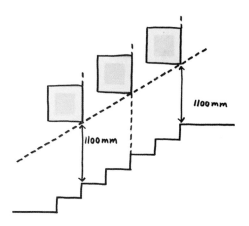

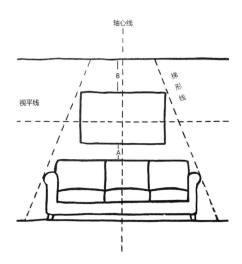

挂画的黄金比例法则

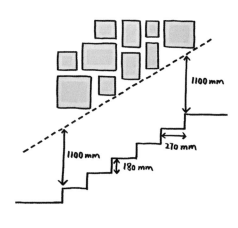

楼梯墙面挂画

装饰画常见组合挂法如下：

（1）对称式

这是相对保守的挂法，不太会出错。选择以轴心线为基准，向两边扩散的组合方式。单双幅、三联画都适用。

（2）均衡式

均衡式的挂法以大画为主，搭配几幅小画，组合排列达到视觉平衡的效果，不会觉得没有章法，比较活泼。

（3）上下水平式

将装饰画的上方框线或下方框线固定在同一水平线上，其余画框顺势摆放。照片的主题与调性尽量统一，画框也尽量采用统一的样式和颜色（可采用互补色）。

（4）自由式

此种挂法主要适用于照片群组，比如照片墙。相框样式有很多种，只要掌握挂画的黄金比例法则，就能在其中找到排布的基准，延伸组合出更多的挂画形式，比如放射式、对角式、水平式。

（5）隔板式

装饰画很多时候也会用隔板来放置，比较灵活，方便更换。由于隔板本身的承重有限，因此隔板式更适合展示小巧的挂画。

延展知识点 3：地毯的铺设技巧

客厅选择合适地毯的秘诀是什么？只要遵照以下办法，轻松就能解决上述问题。

①首先，拿出最可靠的卷尺，测量出主要家具的尺寸以及房间本身的尺寸。然后在CAD图纸上将主要家具用线条围合起来，保证所有家具的腿部都在范围之内，最初的地毯尺寸就出来了。也可以在此尺寸上适当减少或缩小，根据实际的摆放需求进行微调。

②需要特别注意，该空间的主要家具本身轴线居中，才能作为地毯的参考依据。另外，围合的线条在主要家具外 500mm 左右比较合适，不宜预留过多，否则会造成地毯过大、家具体感过小的反差。

③地毯的颜色和图案可以和窗帘、沙发、抱枕等重复，让整个空间连接在一起，具有整体性。

（1）客厅不同地毯尺寸的视觉效果

地毯半围合主要家具摆法

（2）客厅打破规划的空间摆法

打破规则的空间摆法，沙发可以一半在地毯内，一半在地毯外，为生活创造额外的空间。注意边桌、角几应该完全在地毯内或地毯外，以保持桌面的水平和稳定。至于地毯颜色，可以尝试深色地毯配浅色家具，反之亦然，在空间中形成一些对比，也可以通过合并不同的纹理来创建对比。

地毯完全围合主要家具摆法

完全在地毯上摆法

沙发角几完全在外，沙发一半在外

圆桌地毯

（3）餐厅地毯摆法

圆形的餐桌使用圆形的地毯，地毯直径参照餐桌直径，以餐椅拉开就座仍旧能够被地毯包围即可，否则会影响坐感。餐厅地毯为中性色提供了很多机会，可以根据不同的材质触感和季节进行更换。

长方形餐桌同理，地毯按照餐桌尺寸整体放大。一块色彩丰富、呈对比色的大地毯可以容纳一张全尺寸的餐桌和椅子。地毯的菱形纹理使长方形的桌子呈对角线状，能增加趣味性、方向感和额外的能量。

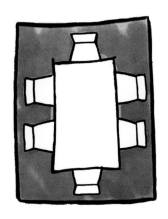

长桌地毯

延展知识点4：常规窗帘的陈设技巧

（1）测量窗帘尺寸

宽度W：该尺寸并不是窗户本身的宽度，而是计划窗帘覆盖的区域宽度。

①有窗帘盒：宽度 = 窗帘盒宽度 +50cm 耗材

②无窗帘盒，满铺整墙：宽度 = 窗户所在墙面整宽 +50cm 耗材

高度H：以窗户所在墙面的总高度为基准，根据实际需要上下预留尺寸。

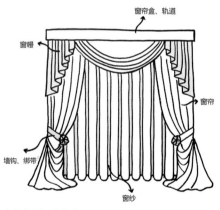

窗帘主要组成部分

（2）确认窗帘面料使用的门幅和褶皱倍数

准确估算窗帘用量，必须先了解常规窗帘尺幅：

①140cm 门幅（宽度为140cm，高度不限）适用于 3m 以上层高的挑高空间。

②280cm 门幅（高度280cm，宽度不限）适用于 3m 以内层高的常规空间。

③褶皱倍数：2~2.5 倍。

（3）计算窗帘面料用量

① 使用 140cm 门幅面料数量：

$$幅数 = \frac{窗帘宽度 + 褶皱倍数}{门幅}$$

米数 = （窗帘高度 + 上下收边耗材）× 幅数

② 使用 280cm 门幅用料计算：

米数 = 窗帘宽度 × 褶皱倍数 +50cm 耗材

（4）窗幔面料用量

平幔（单色）米数 = 窗户所在墙面总宽度 +20cm

$$平幔（拼花）米数 = \frac{窗户所在墙面总宽度}{面料门幅}$$
$$+（窗户所在墙面总高度 +10cm）$$

（注：此计算方式不可四舍五入）

工字幔米数 = 窗帘所在墙面总宽度 ×3

延展知识点 5：家居软装陈列法则

（1）黄金分割法则

在室内设计中，线条和比例是表达空间感的重要形式，无论是室内结构、软装陈设还是色块组合，都可以通过黄金分割达到相对完美的比例。0.618 被公认为是最具有审美意义的比例数字，黄金分割法则在家居的茶几台面、玄关桌面、壁炉桌面的装饰物摆放中都较为适用。

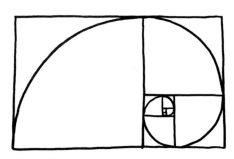

黄金分割线

黄金分割比例在家居陈设中的应用

（2）三角线法则

三角线法则也称为金字塔法则，主要是指一组摆件中的主要元素形成一个三角轮廓，或者有三处主要元素最为突出，可以连成一个三角形。

遵循三角线法则，可以让陈设安定又灵活变化，是一种较好的构图方式。三角形可以通过物体形、色、质的合理分配，使陈列更加和谐。例如，窗边的单椅和落地灯或者椅子上的毯子，这些元素组成一个场景，就是为了创造一个和谐、安稳的空间。

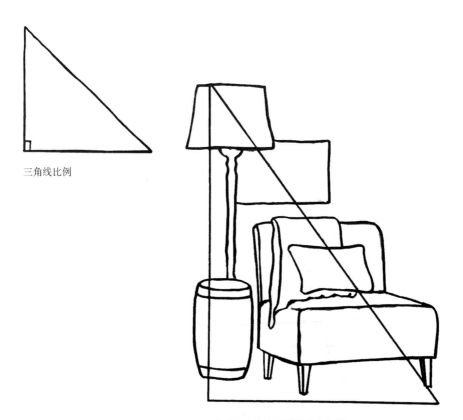

三角线比例

三角线比例在家居陈设中的应用

（3）对称法则

所谓对称，其实就是以一个点或一条线为中心，两边的形状和大小一致，并且呈现对称分布的事物现象。对称法则运用在室内陈设中，例如两边床头柜的摆放、沙发两侧角几的摆放、酒柜、书柜、衣柜的摆放等都可以参照该原则。对称并不是内容形式的完全统一，而是可以具有相对性。相对对称即是局部的不对称，使之在整体对称中产生一种可变化的美。

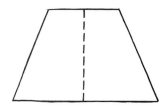

对称法则

对称法则在家居陈设中的应用

（4）重复法则

在室内设计中，将相同或相似的几个装饰元素重复摆放，起到强化陈设形象的效果，同时呈现出强烈的韵律感。

若一字摆开，个别饰品可以前后错落，因为风格与造型统一，也能呈现多而不乱的感觉。体型略大的物品，并列摆三个即可，看起来较有秩序感；体型略小的物品，可以多数量重复，此法则在装饰靠枕摆放、餐桌烛台摆放等方面都较为适用。

重复法则

重复法则在家居陈设中的应用

第三节
餐厅陈列

设计的第一要务是讲究功能性，餐厅的设计也不例外。对人们而言，它不只是厨房的衍生品，而是一家人享受美食和交流的场所，承载着家人的情感和回忆，展现出细腻的生活温情。

伴随着生活方式的改变，民众的生活过得越来越精致，想要发挥餐厅的最大功能，一张大桌子是远远不够的，餐边柜、座椅等也展示出它们各自的重要性。

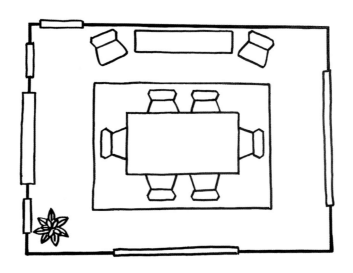

就餐功能 & 展示收纳功能

一、餐厅陈列元素

　　餐厅的主要装饰元素有餐桌、餐椅、吧椅、餐边柜、展示柜、餐具、吊灯、地毯、餐具、花艺等。

餐桌、餐椅、花艺

吧椅

吊灯

餐具

餐边柜

展示柜

·二、布局方式、陈列技巧·

1. 相对独立式餐厅

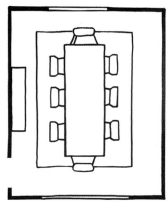

长方形餐桌

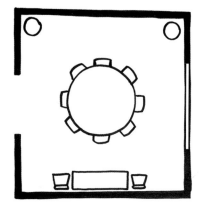

圆形餐桌

餐桌、餐椅 + 餐边柜 + 展示柜 + 吊灯 + 花艺

陈列技巧

① 在相对独立的餐厅里，餐桌的选择需要与空间大小相配合，小空间配大餐桌或者大空间配小餐桌都是不合适的。

② 一般来说，餐桌大小不要超过整个餐厅的 1/3，餐桌与餐椅既可配套，也可分开选购，但要注意椅面与桌面的高度差（以 30cm 左右为宜），过高或过低都会影响正常坐势。

③ 餐边柜和展示柜的属性是不同的，餐边柜以收纳常用餐具或配件为主，同时为备菜、临时放置醒酒器等提供操作台面，与装饰镜组合搭配，可以丰富空间的层次感；而展示柜则重展示功能，一般都设有玻璃门，便于直接欣赏陈列在柜内的精美餐具或收藏。

组合 02 餐桌、餐椅 + 餐边柜 + 装饰画 + 吊灯 + 落地花艺

陈列技巧

① 利用就餐区的整面墙体定制边柜，能够最大限度地满足收纳和展示需要。边柜最好是选择"吊柜 + 地柜"的形式，中间中空，这样预留出备餐台的位置，也更符合日常的使用习惯。对于进门即是餐厅的小户型而言，边柜也可以兼顾玄关的作用。

② 桌旗是桌布以外另一个很重要的装饰，居中陈列于餐桌，总长度一般比桌面多 40cm，可以营造垂坠感，宽度大致为桌面宽度的 1/3。桌旗的色调需要与整体就餐区域保持协调，还要起到提升品位和格调的作用。

③ 对于和其他空间共存的餐厅，将餐桌一侧靠墙摆放能够有效节约行走空间。确认了餐桌的位置之后，以餐桌中心点为中线，就可以定位墙面装饰画的位置。

组合 03 餐桌、餐椅 + 边几 + 装饰画

陈列技巧

① 独立的就餐区域为营造更为舒适的就餐环境提供了可能，装饰边几、装饰画、花艺以及博古架都可以充分展示主人的生活品位。

② 在餐边柜或边几的两侧各配置一把椅子，既可作为备用餐椅，日常也可在此小坐。

③ 桌布能够给予餐桌更多的表情，同时也可以烘托餐具的摆盘。桌布的材质主要以棉麻、丝质为主，通过材质、图案来搭配出差异感和层次感。

组合 04 餐桌、餐椅 + 边几 +L 型卡座

陈列技巧

① 餐厅的座位形式不限于常规，如果就餐区位于一角，且不会对动线造成影响，可以选择
L 型转角卡座或者一字型卡座，再搭配靠枕和一两张灵活的餐椅，能够大大增加就餐的
舒适感和轻松感。

② 原则上来说，餐厅的窗帘款式和面料最好和客厅窗帘保持一致，以免造成整体视觉上的
混乱和繁复。

2. 组合式餐厅

开放式厨房 + 餐桌椅组合

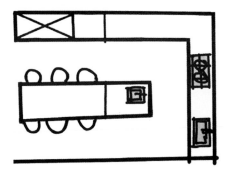

开放式厨房 + 中岛操作台、餐桌椅一体组合

开放式厨房 + 餐桌椅 + 置物架

陈列技巧

① 多元化的生活方式，促使厨房领地向餐厅甚至客厅扩张。厨房和餐厅更紧密地串联，由原来单一用途的房间发展成集烹饪、就餐、休闲于一体的多功能场所。

② 在开放式厨房里烹饪，应选择吸力较大的抽油烟机，同时利用软隔断阻挡油烟，比如方便推拉的多轨玻璃移门。

③ 开放式厨房没有遮挡，台面上不宜放置太多炊具、杂物，以免影响美观。建议选择统一的收纳盒，将物品归置在置物架上。

組合 02　开放式厨房＋中岛操作台、餐桌椅一体组合

陈列技巧

① 把餐桌和中岛结合起来，可以扩充操作空间。岛台兼顾餐桌，能大大缩短传菜动线。岛台结合餐桌的设计，应注意台面下方的空间，以不影响用餐就座为宜。

② 岛台作为厨房操作台的一部分，动线设计上也要注意流畅性，遵循"冰箱取菜—水槽洗菜—台面备菜—灶台烹饪—台面装盘"的操作流程。

三、风格餐厅陈列特色

1. 新中式餐厅

新中式餐厅的餐桌、餐椅以及格栅等材质都以深色木饰面为主，局部点缀大理石或者金属，面料以有质感的棉麻搭配带有中式留白的挂画。新中式餐厅多采用对称式布局，同时也讲究空间的层次感，用现代语言简化后的中式元素与现代材质的巧妙结合，表达出禅意东方的精神境界。

2. 日式禅意餐厅

日式禅意餐厅以淡雅、简洁为主，一般采用清晰的线条，营造具有较强几何立体感的就餐环境。餐厅的家具具有浓厚的日本民族特色，材质都是选用最自然、最朴实的，表现出淡雅节制、深邃禅意的境界。另外，日式餐厅的布置也讲究空间中人与自然的和谐。

3. 现代简约餐厅

现代简约餐厅一般空间通透、大气，强调功能性和色彩的对比，整体设计线条简约、装饰元素少，所有的细节看上去都简约而不简单，相对而言对装饰陈设的质感要求更高。"开放式餐厅＋中岛操作台（兼餐桌）"的形式在现代简约餐厅中最为常见。

4. 摩登餐厅

摩登餐厅体现出结构的形式美，通过材质本身的质感与色彩解读空间结构的魅力。繁复的细节传达着生活中方方面面的仪式感，不同材质肌理的叠加，一如既往地延续了华丽、复古、时髦、精致的风格。

5. 法式餐厅

法式餐厅依旧崇尚对称带来的气势与优雅，空间整体线条以一个较为突出的轴线来表达对称性。物品多以白色、原木色、蓝色的形态进行表达，从而凸显高贵、优雅的气质。

注重局部的细节，着重线条以及制作工艺，比如能否彰显韵味的雕花、餐椅的靠背或餐桌的桌腿有无曲线等，整体看起来大气中透露着精致。

6. 美式餐厅

美式餐厅经常以植物元素体现自然，形成错落有致的格局与层次感，传递自然惬意的生活态度，墙面、桌面等处都可以见到绿植元素的身影。空间比较有个性，粗犷的形态和面料也是一大特点，一般体现在餐椅家具上。美式陈设中，壁灯是很常见的，一般选用古典的壁灯或吊灯，与家具搭配起来显得特别大气。

图片来源：《Architectural Digest》

7. 轻奢餐厅

轻奢餐厅将黄铜、不锈钢、木材、钢化玻璃、陶瓷玻璃、天然石材等不同元素进行交错重叠，化身为美感和舒适感结合的艺术品。桌子不只是简单的四条腿家具，仿若空间中的精灵，有着晶莹剔透的光芒和灵动的曲线，吸引着所有人的视线。餐椅用布料或皮料搭配，通过材质和色彩的对比带来愉悦的视觉冲击。

延展知识点：家居餐桌陈设布置

（1）根据料理选择餐具

　　中西料理使用的餐具不同，一般可依食物属性进行挑选。中餐多汤汤水水，可选择深度较深的器皿，杯子可选择温润的陶瓷杯；西餐则以白瓷盘或透明高脚酒杯来凸显食物本身的色泽。在小朋友较多的聚会场合，不妨选用色彩鲜艳的餐盘。只要利用餐具深浅高低错落摆放，就是最简单又不费力的布置方法。

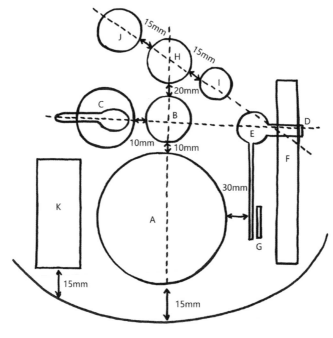

中餐宴会餐具陈设布置

A 骨碟　B 调味碟　C 汤碗和小汤匙　D 筷架　E 勺子　F 筷子
G 袋装牙签　H 红酒杯　I 白酒杯　J 水杯　K 宴会菜单

中餐宴会餐具布置示意

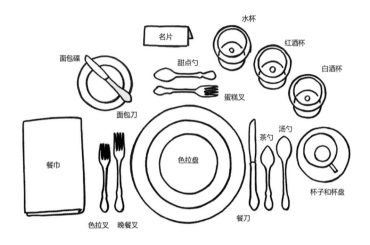

名片

水杯

红酒杯

白酒杯

甜点勺

蛋糕叉

面包碟

面包刀

餐巾

色拉盘

茶勺

汤勺

杯子和杯盘

色拉叉　晚餐叉

餐刀

西餐宴会餐具布置示意

（2）点缀花艺或水果

花艺是餐桌上最吸睛的焦点，绽放的色彩展现清新的自然感。不同口径、高低及瓶身的花器，都会给人带来不同的感受，穿插点缀于食物之间，能让餐桌产生层次。如果家里没有鲜花，那么绿色的植栽或是小巧可爱的多肉植物，也能让餐桌展现蓬勃的绿意。

（3）搭配桌巾、餐垫

桌巾及餐垫的花色、纹路可选择与餐具、器皿呼应，不同材质的餐垫及桌巾也会渲染出不同的氛围。棉麻布织品较为休闲，颜色选择也更为多元，竹子或草编的餐垫可营造出森林的清新感。

至于桌巾，不仅能保护桌面，视觉上同样有画龙点睛的效果，建议使用前先以熨斗烫平，就能让用餐感受更佳。

（4）利用烛光营造气氛

晚宴餐桌的布置，造型精美的烛台和蜡烛组合必不可少。高脚金属烛台特有的气质复古优雅，烛光发出橘黄色的光亮，温暖柔和。

（5）定制姓名牌

在家庭聚会时，将客人的名字打印或手写在小小的卡片上，立在餐具旁，非常具有仪式感。

第四节
卧室陈列

人的一生，大约有 1/3 的时间是在床上度过的，卧室的舒适度非常直观地影响着人们的生活品质。

卧室的功能布局和动线规划随着时代的发展变得越来越多元。为了最大限度增加空间使用率，设计师常常会想办法来实现卧室的功能多样化，或者将几种功能并存和融合。同样，卧室的面积大小和居住者本身也决定了卧室的功能会有截然不同的设计语境。

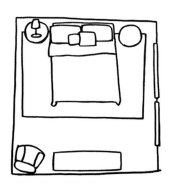

睡眠、休闲功能

更换衣物功能

衣物收纳功能

其他延伸功能（例如梳妆、办公）

一、卧室陈列元素

卧室的常规装饰物品主要有床、床头柜、
床尾凳、衣柜、单人沙发、电视柜、床品和
窗帘等。

床

床头柜

休闲沙发椅

梳妆台

电视柜

床头灯

床尾塌

斗柜

衣柜

· 二、布局方式、陈列技巧 ·

1. 常规卧室（10~20m² 之间）

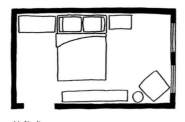 

长条式   方形式

组合 01 双人床 + 床头柜 + 电视柜

陈列技巧

① 床的摆放直接影响整个卧室的格局，一般床头的方向不宜选择靠近窗户的墙面，床背尽量远离房门。

② 电视柜的高度比客厅的略高，一般在 80~100cm 之间，主要是考虑主人坐、躺在床上看电视时的视觉舒适度。

※ 床背应靠墙或隔断，这样较为稳固，且带来安全感。

※ 在空间许可的前提下，左右和尾部应留有至少 60cm 的通道。如果是小面积卧室的
　 单人床，可一侧靠墙，留一侧过道即可。

※ 卧室如果自带卫生间，应尽量避免床对着卫生间门，卧室的镜子不要对床。

※ 当被户型限制，没有办法完全参照以上建议摆放时，则可以遵从自己的本心，选择
　 自己认为能接受的折中方案。

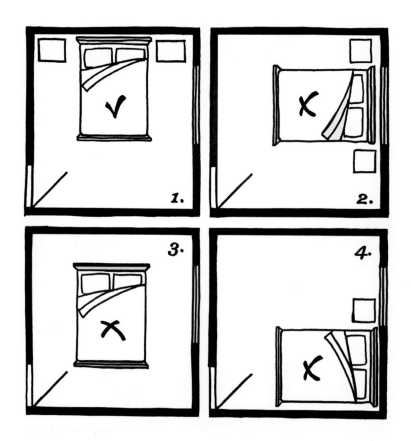

组合 02 双人床 + 电视柜、梳妆台一体 + 装饰画 + 床头柜

陈列技巧

① 挂画高度最好在 140cm 左右，这样不会显得压抑，同时需要考虑床背的高度。

② 装饰画可以一幅长条形或两幅成组，但不宜超过两幅，因为过多容易显得杂乱。

③ 需要特别注意挂画悬挂的牢固性，避免跌落对人体造成伤害。

④ 卧室的电视柜可以选择与梳妆台一体，充分利用床尾的空间，完成电视柜收纳和梳妆的需求。嵌入式的梳妆凳不会阻挡行走动线。

组合
03
双人床 + 斗柜 + 飘窗坐榻

陈列技巧

① 保留一侧的床头柜或者完全取消都是可以的，预留出空间摆放收纳功能更为强大的斗柜。斗柜的高度一般在 900mm 左右，台面可以放置台灯及展示物品。

② 拥有飘窗的卧室，只需要在飘窗上增加布艺软包坐垫和抱枕，就能够打造出一个舒适的坐榻。

※ 此种形式对飘窗的改造最为简单，布艺软包的加入能够为卧室打造一个类沙发的休闲空间。飘窗两侧墙体改装成置物架，作为两个小书柜使用。

常规式：飘窗垫 + 靠枕 + 腰枕

※ 有些户型的飘窗是可以打掉的，可以将原始飘窗改造成抽屉柜，扩展收纳的同时保留飘窗台面的休闲坐卧功能。

收纳休闲式：收纳抽屉 + 飘窗垫 + 靠枕

※ 如果卧室没有飘窗，但面积够大，可以选择在窗户的两侧和下方定制凹字形柜体，两侧作为书柜或衣柜，下方为抽屉。飘窗旁边可加一件圆形角几放置书籍或其他日常用品。

自制飘窗：定制凹字形柜体＋坐垫＋角几

※ 利用原本飘窗，在其台面增加抽屉，就可以作为书桌使用了。注意新增抽屉的纵深尺寸要比原飘窗凸出至少30cm，就座时才会为腿部留出空间。

桌面式飘窗：定制桌体＋座椅＋书架

组合 04 床背板装饰墙 + 床箱 + 床尾凳

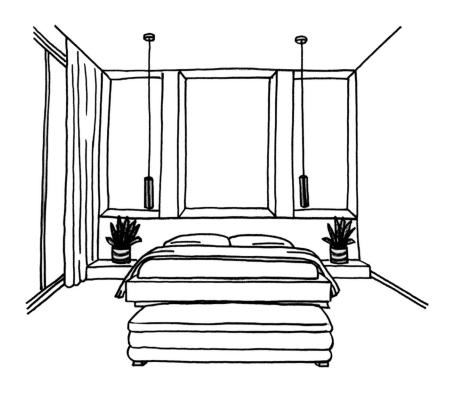

陈列技巧

① 对于已经做了床背整墙装饰的卧室而言，只需配置床体即可，不再需要床背板，这样可以保持床箱与背景墙的整体性。

② 床尾凳、贵妃榻都是卧室里非常实用的家具，不但满足主人搁置衣物的需求，也令房间看起来更加别致。其高度比床体要略矮一些，不能喧宾夺主。

2. 小卧室（10m² 以内）

常规式

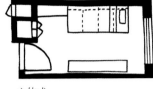
立体式

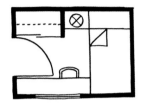
榻榻米式

组合 01　组合床 + 收纳柜 + 书桌 + 书椅

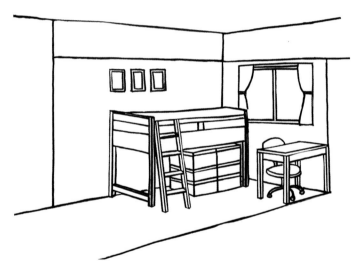

陈列技巧

① 小卧室缺少储物空间，所以需要通过设计来增加利用率，将床位抬高，在下方增加柜体设计，就能轻松解决这个问题。

② 柜体的高度及深度可根据上方床的尺寸和实际需求进行购买或定制，如果只是单纯的收纳，那柜体不需要很高；如果想要有衣帽间功能，可以适当延伸柜体高度，方便晾挂衣物。

组合 02 单人床 + 床头柜 + 书桌 + 书椅 + 隔板

陈列技巧

① 如果窄墙可以容纳 2m 的床铺长度，那么靠墙摆放是很适合小户型的布局，虽然牺牲了
一侧通道，但却预留出了更多的位置来实现其他功能性。

② 充分利用预留空间，打造符合用户实际需求的家具，比如书桌、梳妆台等，注意保留床
和桌子周围的流通空间。

③ 受面积限制无法设置独立书柜时，墙体隔板是不错的选择，可以放置书本或杂物，但要
注意隔板不要安装在床体上方。

组合 03 榻榻米 + 组合柜 + 隔板

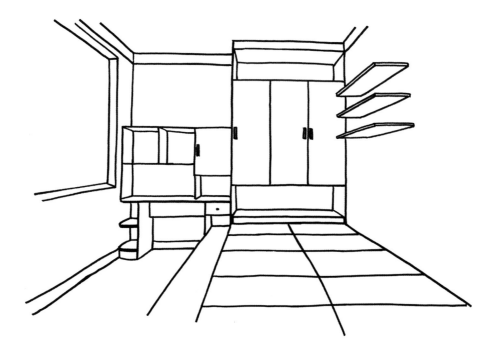

陈列技巧

① 榻榻米特别适合小户型卧室设计，具有强大的收纳力与功能性，可以在有限的空间内实现衣柜、书桌、书柜与床共享。

② 榻榻米属于定制范畴，需要根据现场尺寸测量和确认方案才能实施，唯一的缺点是灵活度低，家具基本呈固定状态，一般无法移动。

组合
04 高低床 + 衣柜

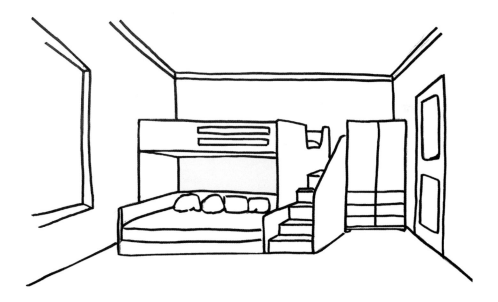

陈列技巧

① 对于二胎以上的家庭，在小卧室里设置高低床是很好的选择。下铺尺寸可以选择1.5m宽，能够睡下两个人；上铺相对窄一些，容纳一人睡眠。

② 根据高低床与墙之间的距离来选择合适的衣柜，可以一物二用，既可以悬挂衣物和收纳被褥，自带的抽屉还能收纳小件物品，这样，卧室最基本的睡眠和收纳功能都能得到满足。

3. 大卧室（20m² 以上）

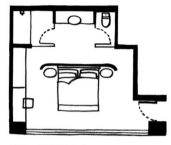

睡眠 + 隔断组合式

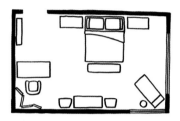

睡眠 + 工作区、起居区

组合 01 　双人床 + 床头柜 + 休闲沙发 + 电视柜 + 书桌

陈列技巧

① 在大面积的卧室里设置办公桌，可以更为放松和私密。办公区域与睡眠区域共存于一间卧室内，相当和谐实用。

② 虽然卧室的主打功能是睡眠和收纳，但并不代表其设计就应该循规蹈矩，偶尔加点创意也未尝不可。

组合 02 睡眠区 + 起居室功能 + 浴缸

陈列技巧

① 起居室不同于客厅，一般只作为家人休闲和交流使用。如果空间够大，在卧室一侧打造一个小型的起居室，能展现主人对生活的品位与追求。

② 起居空间的家具主要由沙发和茶几、电视柜等组成，但沙发的形式和布艺的选择更为强调舒适性。

③ 在卧室里摆上心仪的浴缸，不需过度装饰，就能带出别样的浪漫氛围，两者之间的反差能强化空间视觉，同时带有一种神奇的仪式感，成为装点生活的重要元素。这种看似不切实际的想法呈现于设计形式之中，也是一种独特的方式。

组合 03 隔断 + 双人床 + 床头柜 + 床尾凳 + 休闲沙发 + 角几

陈列技巧

① 大面积卧室的多功能化更多的是展现设计的创意和生活品质。

② 在卧室里增加隔断设计，分割出另外一处空间，比如半开放式的衣帽间、浴室、书房等，多种功能的融入可以让卧室变得更具独特性。它依旧保持了绝对的私密性，但又具有一定的开放功能，传递着独具魅力的设计语言。

三、风格卧室陈列特色

1．新中式卧室

新中式卧室注重利用线条来勾勒空间的层次感，多采用沉稳、低调的颜色和使用木质元素，床品、窗帘、床头背景挂画等与整体空间气质和谐统一，创造安静、柔和的氛围。为了打破空间的单调，通常会在局部加入一点跳脱的颜色，如床上的抱枕、窗帘等，结合整体空间和光源，形成装饰效果。

2．日式禅意卧室

日式卧室需要最大限度地引入自然光源，色彩多以白色、米色、浅灰色、木色等中性色为主。床架、床头柜和书桌等都尽量保持木质的天然质感，呈现最纯粹、自然的状态，同时在形态上也致力于简约。床品和窗帘等布艺多使用纯色、简单的条纹或暗纹，干净清爽。

3. 现代简约卧室

现代简约卧室里的装饰物品较少，每个元素都带有功能性，强调纯粹和抽象。空间具有清晰的视觉层次，大量的留白让核心细节拥有较高关注度，强调色彩的对比。

4. 摩登卧室

为了体现摩登的前卫叛逆，卧室通常会运用大面积的醒目色彩，选用不同于传统的家具造型，如圆形、不规则形等，再配以颠覆传统的摆设和大胆的色彩，强调个性化的主导地位，突出设计的文化内涵。摩登卧室不仅注重家具的功能性，更看重它们所带来的氛围。

5. 法式卧室

法式卧室常使用华丽的布艺窗帘以及绚烂的水晶吊灯来提升家居的高贵感。布局上突出轴线的对称，打造优雅、舒适的休息空间。

6. 美式卧室

美式卧室一般在床品的选择上注重温馨和舒适，面料也以米白、大地色居多，图案以花鸟为主，家具和饰品的材质多为铁艺。床、床头柜等家具尺寸都较大，具有年代感。卧室一般不会在天花上设置顶灯。

7. 轻奢卧室

轻奢卧室往往通过一些精致的软装元素和材质上的奢华来提升质感，虽无夸张造型，却处处体现出细腻与考究。卧室大多具有简约的线条感，组合在一起比较大气。除了设计，材质的档次也决定看整体的格调，如实木家具、真皮沙发、有质感的吊灯、壁画、古铜色的摆件等，都在渲染着轻奢的整体氛围。

延展知识点：床幔陈设

历史悠久的床幔作为一种精神象征进入到现代家庭，是卧室中增加情调、烘托浪漫气氛的重要法宝。床幔的面料材质可随着季节的变化换成薄纱、真丝、天鹅绒、羊毛毯等，根据整个居室的风格进行有针对性的搭配。此外，床幔还具有挡风的功能，也可以阻挡刺眼的阳光，更有隐私与安全的心理保障。

床幔一般分为幔顶、幔头和幔身三部分，其中四柱拉帘式、中心垂放式和蓬盖式体量比较大，对空间的宽度和高度比较挑剔，适合空间较大的卧室；四角垂挂式、幔头垂放式和两侧垂放式床幔体量相对轻巧，适合常规卧室。

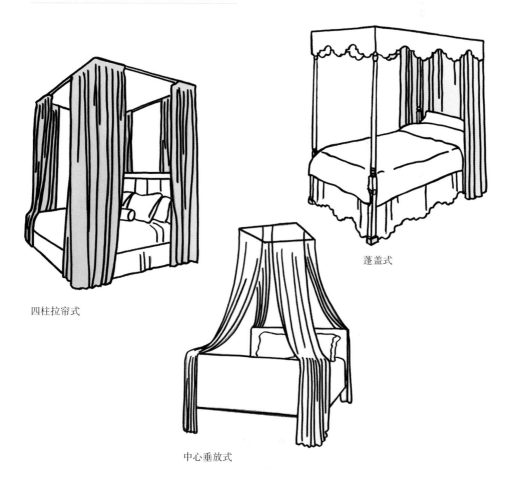

四柱拉帘式

蓬盖式

中心垂放式

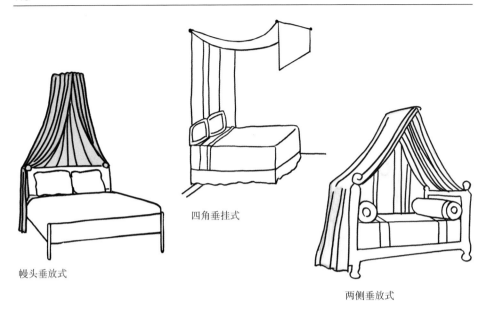

四角垂挂式

幔头垂放式

两侧垂放式

小贴士 床品组成示意

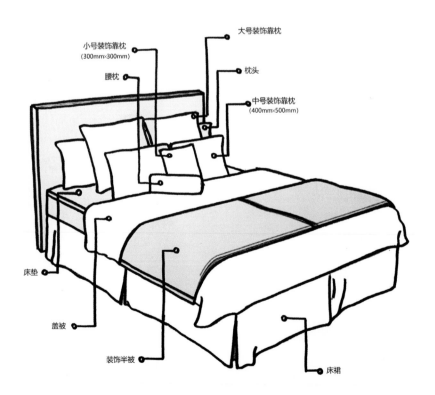

大号装饰靠枕

小号装饰靠枕
(300mm×300mm)

枕头

腰枕

中号装饰靠枕
(400mm×500mm)

床垫

盖被

装饰半被

床裙

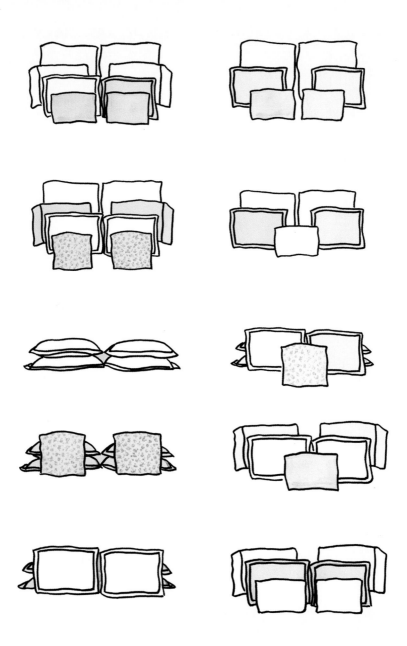

小贴士　老人房陈设原则

※ 青少年和中年人的卧室比较注重私密性，而老年人的卧室则更需要安全性和舒适度。

※ 一般老人房设计可以参考以下原则：

① 确保合适的空间尺寸，预留无障碍设计。老人房需要确保床和对面、侧面家具以及到门的距离，最少也要80cm，确保轮椅可以通过。尽可能地减少地面层的高差，预留无障碍通道，以利行走方便。

② 确保室内陈设安全。老人房地面需要防滑，建议多采用防滑瓷砖、木地板，墙角以及家具的外露部分可以安装防撞护角，在卫生间马桶旁设置扶手，淋浴下方配置防水且稳固的坐凳。

③ 确保家具的灵活性和数量。家具不宜过多，床两边应留出通道，保证两面都可以上下。床头柜最好有较大的收纳作用，放置日常的药品、老花镜、茶杯、血压计等。沙发不宜过软、过深和过矮，以免老人坐下去不好站立。

小贴士　柜体收纳示意

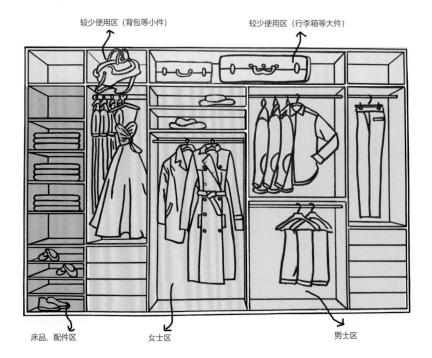

较少使用区（背包等小件）　　较少使用区（行李箱等大件）

床品、配件区　　女士区　　男士区

小贴士 柜体内人体工学

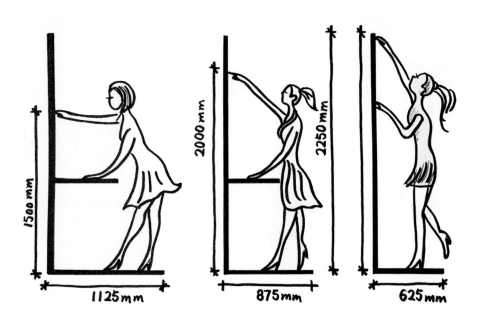

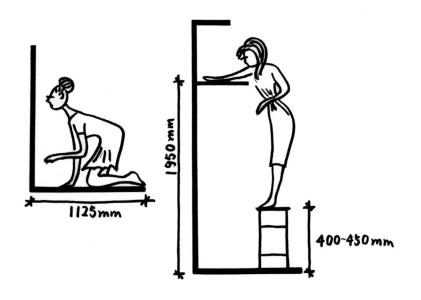

 **小贴士** 常规衣物尺寸

1400~1650 mm

850 mm

1250~1450 mm

700 mm

1300 mm

270 mm   320 mm   310 mm

第五节
书房陈列

住宅模式并非一成不变，而是随着时代的洪流不断更迭，Home office 和云办公的兴起逐渐为现代职场人士所接受。书房作为连接生活和工作的载体，能够为阅读、学习、家庭办公和会客提供场地，合理布置有利于营造良好的学习、办公氛围，提升工作效率。

书房需要安静，少干扰，但不需要私密。其空间布局主要有藏书区、阅读办公区、休息会客区，具体需要根据书房的面积和户型来进行取舍。书房的陈设功能以及与其他场景的融合也赋予了生活和工作另一种意义。

办公、会客功能

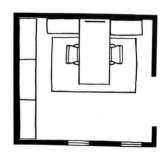

学习、书柜收纳功能

一、书房陈列元素

书房的装饰物件主要有书柜、书桌、书椅、置物架、单人沙发、落地灯、台灯等。

时钟

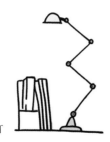

台灯

落地灯、休闲椅

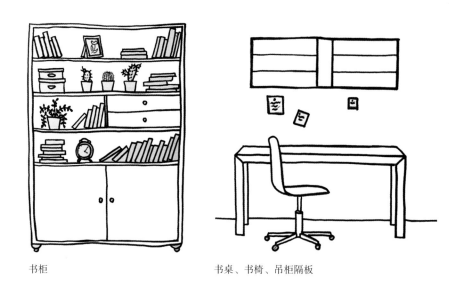

书柜

书桌、书椅、吊柜隔板

二、布局方式、陈列技巧

书房里的书桌主要有以下 4 种常见陈设摆法。

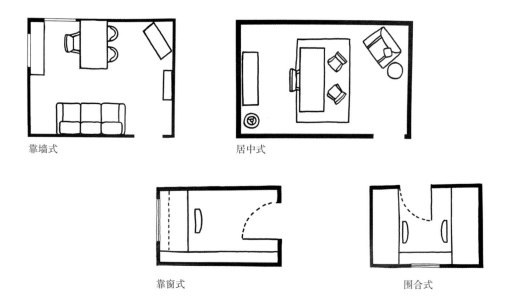

靠墙式

居中式

靠窗式

围合式

组合
01
靠墙式
（书桌 + 软木板 + 懒人坐垫）

陈列技巧

① 将书桌靠墙摆放，预留出更多的空间陈设懒人坐垫和地毯，营造放松的阅读区域。如果是长期在家办公，扫描仪、打印机等设备都需要考虑，合理的收纳不仅能节省空间，还可以带来视觉的整洁。

② 靠墙式书桌适合摆放在开间较大但进深较小的房间，需要尽量拉近与窗户的距离，书柜的收纳功能可以陈设在采光较弱的区域。

③ 软木板、黑板、洞洞板等都是书房墙面常用的装饰元素，也具有强大的展示功能。

组合 02 居中式
（书桌 + 单人沙发 + 茶几）

陈列技巧

① 对于面积较大的书房，将书桌居中布置，可以营造一个更加宽松舒适的空间。

② 其余空间可以根据实际需求摆放接待单椅、茶几组合或者沙发床，让书房偶尔充当临时客房使用。

组合
03

靠窗式
（书桌 + 吊柜 + 百叶帘 + 黑板）

陈列技巧

① 狭长形的书房，可以根据现场尺寸定制一字或 L 形的转角书桌和吊柜，能够最大化增加书桌面积和收纳空间。

② "书桌 + 吊柜" 的对面墙体不宜再定制柜体，这样可以保留动线的顺畅以及书椅拉开起身所需的尺寸需求。

③ 如果窗户设在书桌上方，那么百叶帘是首选，可以起到调节光线和方便收拉的作用，不会对桌面的陈设和使用造成干扰。

组合
04
围合式
（书桌 + 书架）

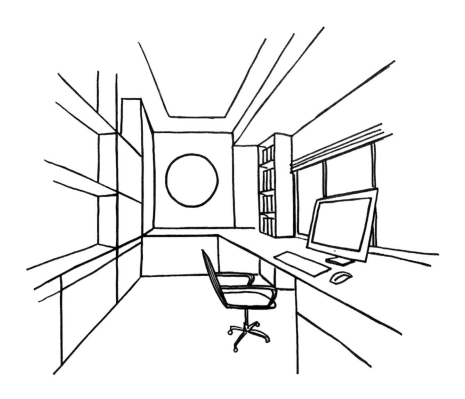

陈列技巧

① 如果书房宽度足够，可以将书桌、书柜、置物架等陈设在房内的三个立面，形成围合式布局。这种布局方式可以打造具有高使用率的书房空间。

② 围合式布局既能突出书桌的主体地位，又可将动线规划得精简干练。书柜和储物柜组合，书桌与书柜连为一体，在视觉上极具整体性，也能有效提升空间的储物能力。

③ 围合式布局旨在将每一寸空间运用得淋漓尽致，十分适合藏书较多的家庭和小户型家庭选择。

组合 05 茶室兼书房
（书架＋书桌＋茶台＋茶凳）

陈列技巧

① 常规的书房布局为书桌居中摆放，书椅背后靠墙陈列书架或书柜。开敞式书架便于快速取放书籍，缺点是易积灰，较难保持视觉的秩序和整洁性。闭合式书柜柜门有透明、半透明和不透明三种，优点是较为整洁，但在使用的方便程度及展示效果上会有一些影响。因此，开敞式书架与柜门书柜相结合是较实用的选择。

② 当书房和茶相遇，让传统文化在现代空间中得以优雅并存。只需在书房一角增设古雅茶桌，或将书桌兼为茶桌，即可打造出一方可读书、练字、喝茶和思考的天地。

小贴士　书架的陈列技巧

※ 书籍摆放分类。先将书籍整体分类，选择出哪些是直立的，哪些是平放的，然后两种陈列方式交替使用，同时穿插一些斜放，营造出有秩序的律动感。

※ 点缀装饰物。纯粹的直立或者躺放装饰都会略显寡淡，缺乏趣味，而书柜陈设的秘诀就在于打破乏味，从直立和躺放中突破出来。先将两三本阅读频率低的书籍平放于隔层内，然后将一个或一组装饰物放在书籍顶部，即可为这一区间增加亮点。

※ 打造整体书架的基础要点。

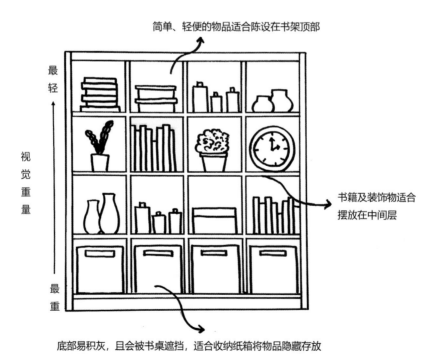

简单、轻便的物品适合陈设在书架顶部

书籍及装饰物适合摆放在中间层

底部易积灰，且会被书桌遮挡，适合收纳纸箱将物品隐藏存放

✎ **小贴士** "书房+茶室" 一体式组合

※ 书房私密安静，与茶室的融合度很高，将两者一体式设计，能够最大化运用空间。

※ 一般通过桌椅、置物架、茶器等来承载整个空间表达的意境。无论是收藏的精美茶具，还是珍藏的书籍，或是古董摆件等都可以摆放在置物架上，形成收纳和展示一体的完美组合。

※ 除了陈设、储物，空间还需要相应的景观和留白，这些设计主要集中在墙面部分。各个区域之间可以善用屏风和隔断，给人以整齐、高雅的感觉。

三、风格书房陈列特色

1. 新中式书房

古典的书房家具，如书桌、书案、博古架、字画、笔架、笔筒等，都是新中式书房必备的要件。家具的颜色较深，虽可营造出稳重效果，但也容易陷于沉闷，因此，书房里最好有大面积的窗户，让空气流通，并引入自然光线及户外景致。此外，精致的盆栽也是书房里不可忽略的装饰细节。绿色植物不仅让空间充满生命力，对于长时间思考的人来说，也有助于舒缓精神。

2. 日式禅意书房

日式书房喜欢将自然界的质朴材质运用于室内，营造素雅、简洁的格调，重视实际功能，不张扬，也不做作。充分利用空间，将有限的面积最大化利用，比如，采用横拉式书房门减少房门所占据的空间、利用靠墙书柜将书本和装饰物统一收纳等，用来保证视觉的统一和整洁的观感。

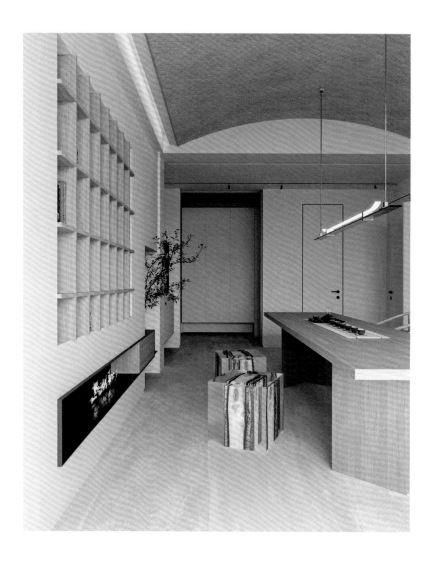

3. 现代简约书房

现代简约风格的书房一般色彩比较明快，但不会有过度装饰，一切从功能出发，讲究造型比例适度、空间结构明确，体现现代书房的节奏与实用性。天花、墙面、地面以及家具陈设都以简洁的造型、纯粹的质地、精细的工艺为主，同时点缀设计独特甚至是极富创意和个性的饰品。

4. 摩登书房

摩登书房热衷于表现不被约束的动感与活力，设计语言不教条，反对一切既有的规则，追求强烈的反差效果，即使是黑、白、灰的主色调，也能以简洁的造型、完美的细节，营造出时尚与前卫之感。灯具讲究豪华、繁复，也可以采用个性的灯饰。镜子、大理石、钢化玻璃、水晶的高反光，以及皮草、皮革材质的华丽感，都是营造时髦、摩登的重要元素。

5. 法式书房

法式风格书房同样致力于表达浪漫和大气的情怀，太小的空间不适合此种风格，其拘束的感觉会与法式格调相违背。书柜的陈列与中式风格有些类似，也讲究工整的对称之美。书桌、书椅等常见家具都保留了精细的做工，更加庄重与高贵。法式书房偏好米白色或淡黄色的空间色调。

6. 美式书房

美式风格书房一般都拥有简化的线条和大体量的家具，选用自然材质，带来一种较为含蓄、保守的色彩和对应的造型。以舒适为设计准则，每件物品中都透着阳光和植物的自然味道。美式书房常使用原木书架，兼具古典主义的优美造型和现代的功能配备，既简洁明快，又稳重实用。

7. 轻奢书房

多元化的材料组合搭配，丰富空间的色彩层次和质感，简洁独特的现代设计语言，让书房整体奢而不喧，成为一个舒适的心灵驿站。适当的比例造就了高贵与优雅的并存，整体给人一种独特的时尚美感。

延展知识点 1：灵活办公、学习区域的布置

如果家里没有单独设置书房的条件，只要空间利用好，一样能够打造专属的工作和学习区域。它可以是一处靠墙空间，也可以是某个角落，甚至只是一张合适的桌子。

（1）利用阳台

作为居室中光线最好的地方，在阳台办公完全不用担心光线不足的问题，简单摆张桌椅，随时都可以移动，灵活度很高，但要注意书桌最好陈设在阳台一侧，不要让阳光直射电脑或眼睛。

（2）利用客餐厅

客餐厅往往是家里面积最大的空间，利用其中的一块区域作为办公学习区，一般不会对客厅功能造成影响。当办公区融入餐厅设定中，餐桌不再停留于用餐阶段，更多时候会成为日常工作的场所。功能模式的无缝衔接，赋予了生活更为多样化的意义。

（3）利用卧室

将卧室里采光面最好的区域作为办公场所是个不错的选择，如果条件不允许，可以结合卧室的形状和尺度考虑其他形式，不管是床头、床边还是床尾，总能找到一处合适的便利角落。

（4）利用过道

过道空间往往会被很多人所忽略，其实利用窄隔板组合就能轻松打造一处办公、学习区域。充分利用家里的每一个角落，经过改造也许都能发挥出很大作用。

延展知识点 2：如何在家中打造一个舒适的阅读区？

（1）自然光源

透过窗纱或百叶帘，将室外强烈的阳光柔化，这是看书的最佳光线——不刺眼，光亮度刚刚好。

（2）人造光源

脱离自然光线，灯光的使用也尤为重要。把光源调节到眼睛最能接受的舒适度，工作、学习、休息均不耽误。

自然光源

人造光源

（3）单人沙发椅

单人沙发椅可以随意搬动，非常灵活实用。随着光线挪动沙发椅，可以找到最合适的光源位置。

（4）懒人沙发

懒人沙发可以根据自己最舒服的姿势随意坐靠，也可以搭配沙发、茶几、边桌等。搬着懒人沙发，找个舒服的位置坐下，瞬间进入读书状态。

（5）棉织物

毯子和抱枕的体感温度也很重要，利用棉织物营造温暖的氛围，给读书一角带来温暖、明亮的空间感。

单人沙发椅

懒人沙发

棉织物

第六节
卫生间、厨房陈列

一、卫生间陈列元素

毛巾、浴袍、浴巾、脏纸篓、淋浴花洒、浴缸、台盆、马桶、防水置物架、卷纸架、马桶刷

·二、卫生间布局·

1. 长条形卫生间布局

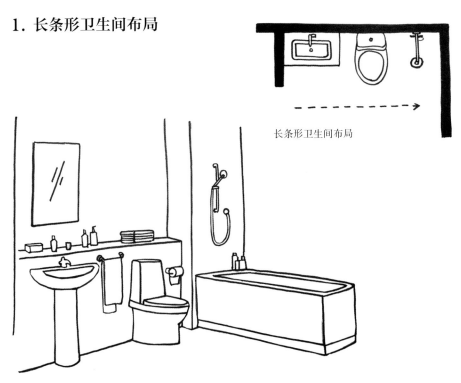

长条形卫生间布局

长条形卫生间陈列示意

陈列技巧

① 长条形卫生间自开门处起，向内摆放的顺序依次是台盆、马桶、淋浴。因为长条形的空间宽度受限，将卫生间三个最重要的功能物品依次排列，且安排在同一边是最舒适的布局。

② 选择台盆镜柜，在满足照镜的需求之外，镜门内附收纳功能，既将日常洗护用品尽收其中，又保证了视觉上的整洁统一。

③ 如条件允许，可以重新定位入门位置，将洗漱台移至门外，门内为马桶和淋浴（或浴缸），实现彻底的干湿分离。

2. 方正形卫生间布局

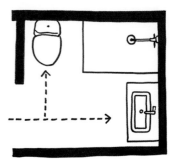

方正形卫生间布局

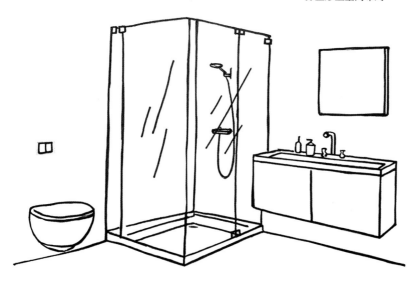

方正形卫生间陈列示意

陈列技巧

① 方正形卫生间较少采用一字形排列，大多采取三大功能物品各占一个角落的布局方式，即将洗手盆、马桶和淋浴区分别放在三个方位的角落位置，或者是两个物品依次排列在一个方位，另外一个物品独自占用一个方位。

② 在淋浴周围配置玻璃门或者移动门是比较常用的干湿分离方法，和它们相比，浴帘是最省空间和简单的，但缺点是无法做到完全干湿分离。

小贴士　洁具的常规高度

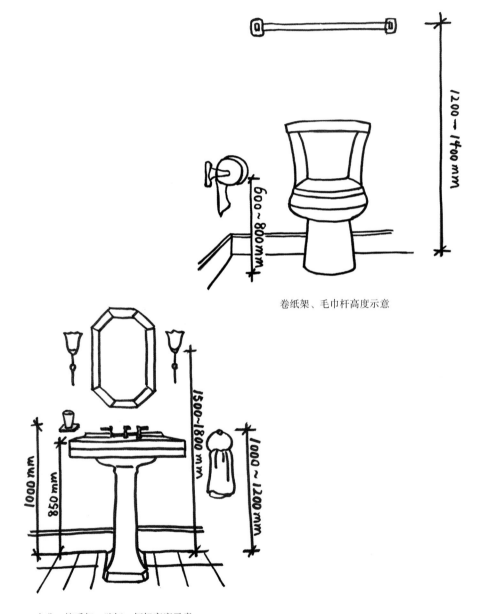

卷纸架、毛巾杆高度示意

台盆、擦手架、壁灯、杯架高度示意

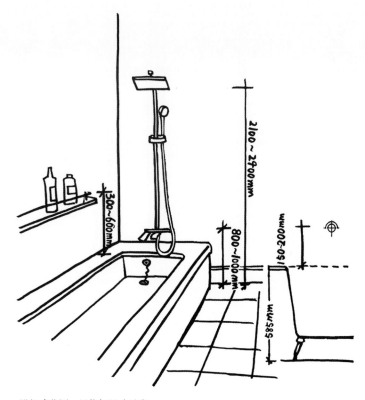

浴缸式花洒、置物架尺寸示意

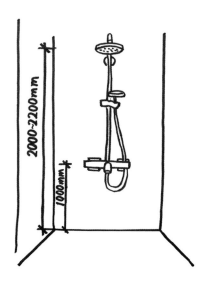

淋浴式花洒、置物架尺寸示意

·三、卫生间收纳技巧·

1. 加大毛巾离墙距离

毛巾靠墙越近，就越容易吸收墙上的水气。因此，可以选择宽度较大的毛巾架，加大离墙距离，或者提前预留好插座，安装电毛巾架，直接烘干毛巾。

2. 充分利用置物架、壁龛

卫生间一般不太会设置独立的储物柜。如果能将台盆下柜和置物架、壁龛等充分利用，也完全能够满足日常洗漱用品的收纳。

四、厨房陈列元素

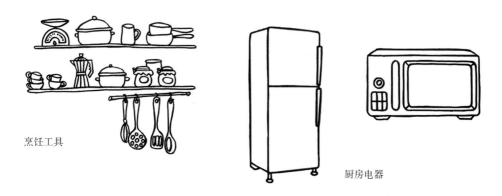

烹饪工具

厨房电器

小贴士 **厨具的常规尺寸**

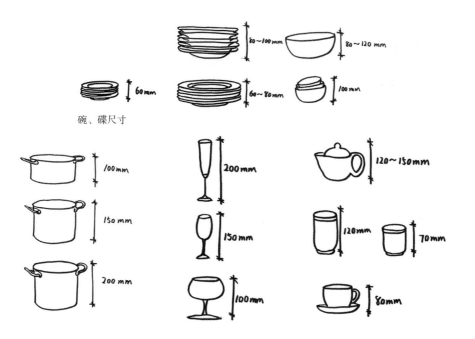

80~100mm
80~120 mm
60mm
60~80mm
100mm

碗、碟尺寸

100mm
150 mm
200 mm

锅具尺寸

200mm
150mm
100mm

120~150mm
120mm
70mm
80mm

杯具尺寸

五、厨房布局方式、陈列技巧

1. 一字形布局

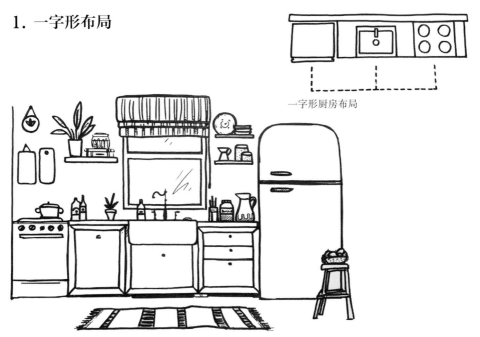

一字形厨房布局

一字形厨房陈列示意

陈列技巧

① 一字形布局适合 60~80m² 的中小户型，橱柜操作台面较小。

② 规划厨房布局时，最简单的办法就是按照做饭的流程，将主要环节所需的设施按照动线先后顺序进行排列，动线清晰了，相应的布局也就明确了。

③ 常规的烹饪流程为：冰箱拿取食材—清洗—加工—烹饪—端至餐桌。无论什么形式布局的厨房，只要保证上述流程顺畅，尽量减少动线折返，就是高效的厨房布局。

④ 窗帘首选百叶帘，材质以铝合金、木质为主，遮阳、隔热且方便清理。此外，表面易擦拭的织物卷帘也可以使用。由于厨房不需要绝对的隐私，半遮挡的奥地利帘也是不错的选择。

2. L 形布局

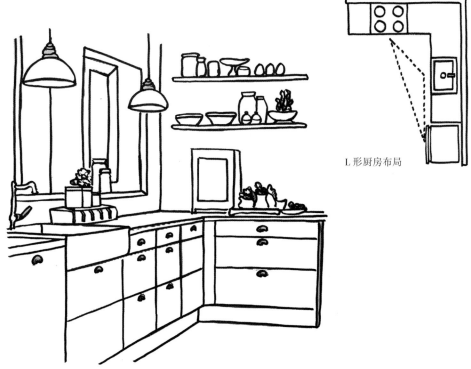

L 形厨房布局

L 形厨房陈列示意

陈列技巧

① 隔板是非常棒的收纳小能手，把常用的调味品、厨具、餐具都摆在上面，不用收进柜子里，节约了翻找的时间。

② L 形布局适合狭长的厨房和餐厅布局导致动线太长的户型。

③ 这种布局，将门开在短墙的一边，空间可以得到延伸，切菜的区域扩大，使用相对方便，拐角的部分是空间释放区域，可以充分利用。

④ 国内水槽高度一般为 90 ～ 95cm，可以选择把橱柜分段抬高，有水槽的那段整体做到 95cm，洗菜不用弯腰。

3. U 形布局

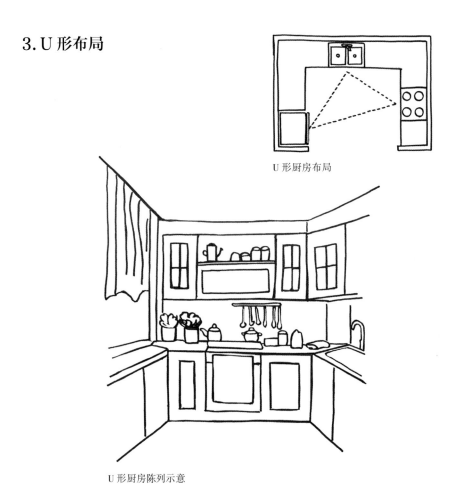

U 形厨房布局

U 形厨房陈列示意

陈列技巧

① 厨房最好的动线是冰箱、水槽、灶台之间成正三角形，也就是黄金三角，且三边总长小于 6 m，这样的操作流程最为高效，能大大减少来回走动和操作的时间。

② U 形厨房台面最长，做饭移动最少，相对而言是最好的布局形式，适合 120~180 m² 的大中户型。

③ 将水槽居中设置，符合人体工程学，操作方便。橱柜的储物功能强大，吊柜采用开放式与封闭式相结合，美观且方便摆放和储藏物品。

4. H 形布局

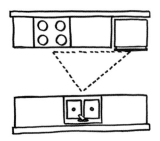

H 形厨房布局

H 形厨房陈列示意

陈列技巧

① H 形厨房在烹饪的时候多了一个转身的动作，这种空间要是宽度足够，使用起来也是比较方便的。

② H 形布局，可以将水槽与灶台对立设置，留出足够的台面可以操作。吊柜门可以选择透明材质，既整洁，又方便看到所需物品在什么位置。

5. 中岛式布局

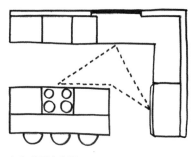

中岛式厨房布局

中岛式厨房陈列示意

陈列技巧

① 如果日常的烹饪中西兼有，那么选择中岛式布局可以获得更大的操作台面和储物空间。中岛也可以兼做料理台、餐桌、备餐台、餐柜，满足多种功能需要。

② 中岛可以与餐桌连接在一起，作为操作台面的补充，达到空间的延伸。但要注意餐桌台面高度与操作台面高度的落差，保证各自功能使用的舒适度。

6. 厨房 + 吧台布局

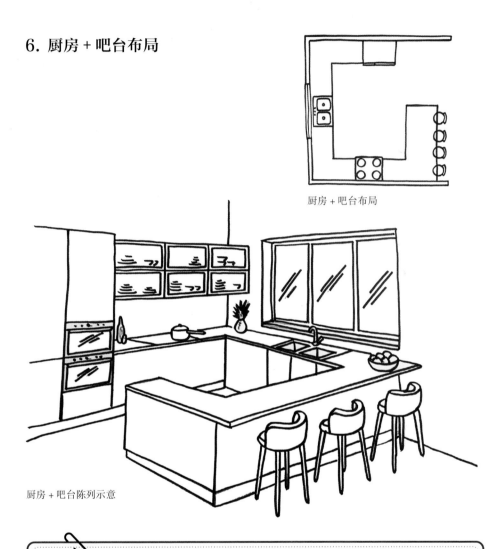

厨房 + 吧台布局

厨房 + 吧台陈列示意

陈列技巧

① 吧台不仅可以作为操作台，还能短暂休息，吃饭、喝茶、看书、学习、工作均可。

② 开放式厨房与吧台结合，吧台的高度需要结合使用者的身高确定，一般而言，吧台高为110cm，双层吧台则为80~110cm。吧台宽度至少要达到25cm，这样内层才能置放物品。

③ 吧椅的选择根据吧台高度来定，常规座高在65~75cm之间，同时需要注意动线走向，好的动线规划利于烹饪的便捷与舒适度。

小贴士　橱柜的常规尺寸

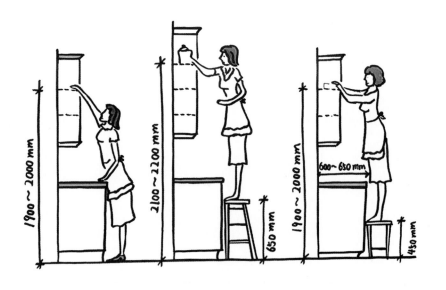

延展知识点：洗衣区的陈设布局

洗衣区并不只是摆放洗衣机的区域，而是可以集洗衣、晾晒、熨烫、收纳于一体的功能化空间。它既可以与其他空间共融，也可以独立存在。一般而言，当家中有单独的空间，洗衣区也可以独立在一个空间之内，形成新的功能间。没有多余独立空间可利用时，可以考虑将洗衣区设置在卫生间或者阳台。

（1）洗衣区常规元素

洗衣机、烘干机、晾晒架、熨烫架、收纳柜、洗护用品

（2）卫生间洗衣区

对于没有条件单独设置晾晒区的户型来说，利用卫生间台盆下柜区域，将洗衣机收纳其中。这种方式需要首先确认洗衣机的尺寸，且此收纳只适用于滚筒洗衣机。

安置完洗衣机后，可在周围空余的墙面上装上可折叠收纳的晾衣杆，方便小件衣物的晾晒，增加整体晾晒区域。注意在洗衣机底部做好抬高设计，避免机身浸水受损。

（3）阳台洗衣区

相较于有限的卫生间面积，阳台洗衣区的陈设空间更加宽裕且随性。其陈设位置一般位于一侧，保证阳台动线不受影响。常以"地柜＋吊柜"组合构成，洗衣机内嵌于地柜，顶部吊柜则以收纳洗护用品为主。

（4）独立洗衣区

当洗衣区拥有属于自己的独立空间时，设计就变得方便许多。参照洗衣、晾晒、熨烫、收纳的四大流程，结合日常行走动线习惯，再进行合理的布局划分即可。烘干机可以重叠在洗衣机上方，节约空间，晾晒可以借助晾衣架来完成。洗衣区的墙面也可多维度利用，通过隔板或封闭式柜体来增加收纳。

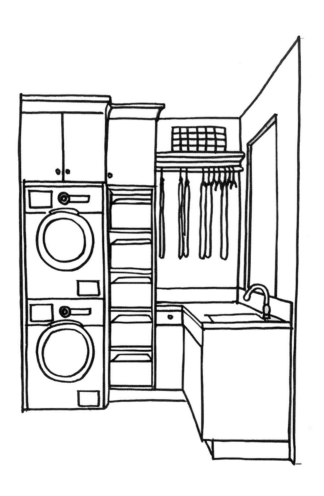